Diese Mitteilungen setzen eine von Erich Regener begründete Reihe fort, deren Hefte auf der vorletzten Seite genannt sind.

Bis Heft 19 wurden die Mitteilungen herausgegeben von J. Bartels und W. Dieminger. Von Heft 20 an zeichnen W. Dieminger, A. Ehmert und G. Pfotzer als Herausgeber.

Das Max-Planck-Institut für Aeronomie vereinigt zwei Institute, das Institut für Stratosphärenphysik und das Institut für Ionosphärenphysik.

Ein (S) oder (I) beim Titel deutet an, aus welchem Institut die Arbeit stammt.

Anschrift der beiden Institute:

3411 Lindau

ÜBER DIE BESTIMMUNG VON

LÄNGSTWELLEN-AUSBREITUNGSPARAMETERN

AUS FELDSTÄRKEMESSUNGEN AM ERDBODEN

von

J. FRISIUS

ISBN 978-3-540-03363-9   ISBN 978-3-662-13245-6 (eBook)
DOI 10.1007/978-3-662-13245-6

Inhaltsübersicht

1. Einleitung .... Seite 5
2. Charakteristika Lindauer GBR-Registrierungen 5
   - 2.1 Tag- und Nachtregistrierungen 6
   - 2.2 Dämmerungseffekte 6
   - 2.3 Sonneneruptionseffekte 7
3. Eigenschaften des ionosphärischen Wellenleiters 8
   - 3.1 Leitfähigkeit und DK der Erde 8
     - 3.11 Realteil und Imaginärteil der komplexen DK der Erde ... 8
     - 3.12 Einfluß der Erde auf die 16 kHz-Ausbreitung 9
   - 3.2 Abhängigkeit der Elektronendichte von der Höhe 9
     - 3.21 Prinzipien von D-Region-Lotungsverfahren 9
     - 3.22 Einige typische Elektronendichteprofile 10
   - 3.3 Abhängigkeit der Stoßzahl von der Höhe 11
   - 3.4 Hinweise auf neuere Arbeiten 11
   - 3.5 Einfluß der Elektronendichte- und Stoßzahlprofile auf die Ausbreitung der Längstwellen 12
     - 3.51 Definition der Ausbreitungsparameter 12
     - 3.52 Feldberechnungen 15
     - 3.53 Unterscheidung von Reflexionstypen 19
4. Überblick über vorhergegangene Bestimmungen von Längstwellen-Ausbreitungsparametern 20
5. Eigene Messungen 23
   - 5.1 Die Empfängerkette 23
   - 5.2 Charakteristika der Feldstärkeregistrierungen in verschiedenen Entfernungen ... 24
     - 5.21 Tag- und Nachtregistrierungen 24
     - 5.22 Dämmerungseffekte 28
     - 5.23 Sonneneruptionseffekte 28
6. Methoden der Parameterbestimmung 29
   - 6.1 Vergleich zwischen gemessenen und gerechneten $E(\varrho)$-Kurven ... 30
   - 6.2 Vergleich zwischen Registrierungen und gerechneten $E(h')$-Kurven ... 31
   - 6.3 Untersuchung eines Sonnenaufgangseffektes 32
   - 6.4 Die Pegelflächenmethode 37
     - 6.41 Diskussion der zuvor beschriebenen Methoden 37
     - 6.42 Formulierung der Aufgabe 38
     - 6.43 Vorbereitung der Lösung : Die Pegellinienkarten 38
     - 6.44 Berechnung eines Beispieles 40
     - 6.45 Fehlergrenzen und Erweiterungsmöglichkeiten 43
7. Einige Auswertungsergebnisse vom Winter 1962/63 und Ausblick auf weiterführende Arbeiten 46
8. Zusammenfassung (Summary) 48

Literaturverzeichnis 50

1. Einleitung

Längstwellen sind elektromagnetische Wellen mit Frequenzen zwischen 10 und 30 kHz, also Wellenlängen zwischen 10 und 30 km. Für die Nachrichtentechnik ergeben sie bis heute die sicherste und weitestreichende drahtlose Telegraphieverbindung. Darüber hinaus erstreckt sich ihre Anwendung auf Navigation [WILLIAMS, 1951], Präzisions-Zeitvergleiche über große Entfernungen [PIERCE, 1957] und, im Zusammenhang damit, neuerdings Satellitenortung [LOONEY, 1964]. Die hohen Reichweiten der Längstwellenausbreitung beruhen darauf, daß sowohl die Erde als auch die unteren Schichten der Ionosphäre bei diesen niedrigen Frequenzen einen hohen Reflexionsfaktor haben. Daher werden die Wellen zwischen der Erde und der tiefen Ionosphäre wie in einem Wellenleiter geführt. Die Übertragereigenschaften dieses Wellenleiters sind nun von dem Zustand seiner oberen Begrenzung stark abhängig. Daher ist zu erwarten, daß geeignet angesetzte Vermessungen der Längstwellenausbreitung Auskunft über die tiefe Ionosphäre ergeben. Solche Auskunft ist jedoch dem Geophysiker erwünscht, denn eben für den Höhenbereich, in dem Längstwellen reflektiert werden, gibt es nur wenige zuverlässige und zugleich billige Meßverfahren. Die Aufgabe dieser Arbeit ist, eines der technisch einfachsten Längstwellen-Meßverfahren auf seinen Informationsgehalt hin zu untersuchen. Es ist zu klären, durch welche Parameter der ionosphärische Wellenleiter für Längstwellen zu beschreiben ist und welche von diesen den Längstwellenmessungen zugänglich sind.

2. Charakteristika Lindauer GBR-Registrierungen

Das hier untersuchte Verfahren besteht darin, die Feldstärke, mit der die Signale eines kommerziellen Längstwellensenders an einem Empfangsort in bekannter Entfernung vom Sender einfallen, laufend zu registrieren. Trotz des enormen Aufwandes, der bei solchen Frequenzen für Sendeantennen getrieben werden muß [ERBE, 1962], ist eine Anzahl derartiger Sender in Betrieb, so daß man an jedem Ort der Erde mindestens einen mit Leichtigkeit empfangen kann. Für den europäischen Raum ist der Normalfrequenzsender der Britischen Post, GBR in Rugby, am günstigsten. Er sendet auf einer Frequenz von 16 kHz (Wellenlänge 18,8 km) mit konstanter Sendeleistung von 350 kW fortlaufend Telegraphiesignale. Abb. 1 zeigt, wie sich die in Lindau empfangene Feldstärke in Abhängigkeit von der Tages- und Jahreszeit verhält. Hierzu wurden für jeden Monat des Jahres 1964 zwei Tagesregistrierungen so ausgewählt, daß die Mannigfaltigkeit der hier zu beobachtenden Phänomene sofort überblickt werden kann.

Die Zeitachse läuft von rechts nach links, die Ordinate gibt die effektive Antennenspannung an einer 6 m langen vertikalen Stabantenne auf dem Dach des Institutes. Zwischen 1400 und etwa 1540 MEZ fällt die Registrierung an den meisten Tagen wegen regelmäßiger Wartungsarbeiten am Sender aus.

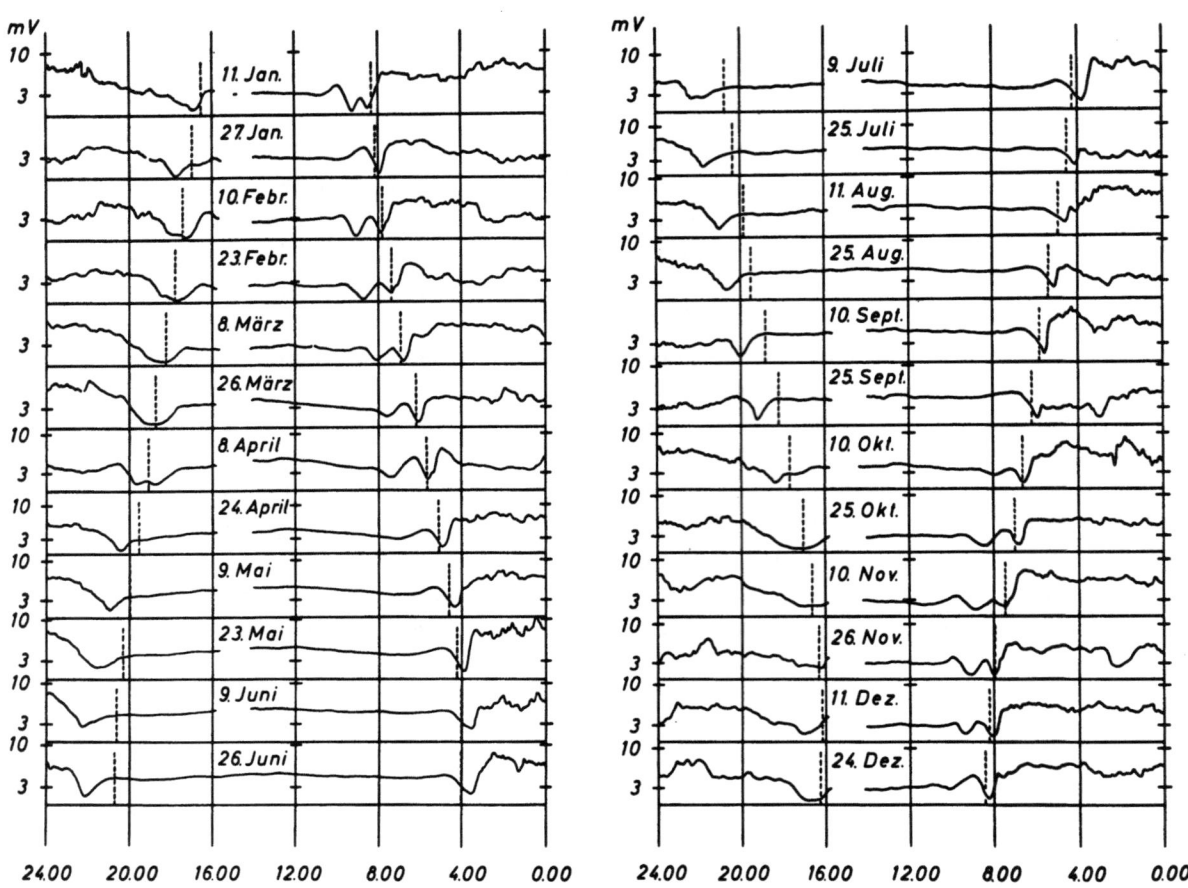

Abb. 1: Beispiele für die Tagesgänge der 16-kHz-Feldstärkeregistrierungen in Lindau während des Jahres 1964. Zeitangaben in MEZ, von rechts nach links laufend. Die Ordinate gibt die effektive Spannung an einer 6 m langen Stabantenne auf dem Institutsdach. Zwischen 1400 und 1545 MEZ fällt die Registrierung wegen Sendepause meistens aus. Vertikale gestrichelte Geraden markieren Sonnenauf- und -untergangszeiten.

2.1 Tag- und Nachtregistrierungen

Als erstes fällt der Unterschied zwischen Tages- und Nachtregistrierungen ins Auge. Während tagsüber die Feldstärke nahezu konstant ist, beobachtet man nachts starke Schwankungen. Im Sommer erhalten wir am Mittag etwa 5 mV_{eff} Antennenspannung, im Winter nur 3. Keine solche Aussage ist für die nächtlichen Registrierungen möglich: zwischen Spannungen von 10 mV und weniger als 1 mV sind sowohl im Sommer wie im Winter alle Werte zu beobachten, oft abrupt wechselnd und ohne klar erkennbaren Zusammenhang zwischen den Registrierungen während aufeinanderfolgender Nächte. Es scheint nicht sehr sinnvoll, hier nach einer "mittleren Nachtfeldstärke" zu suchen.

2.2 Dämmerungseffekte

Das bemerkenswerteste Phänomen tritt jeden Morgen und Abend in klarer Korrelation mit dem Sonnenauf- und -untergang in Erscheinung. (Die Sonnenauf- und -untergangszeiten am Boden in Lindau sind durch senkrechte gestrichelte Geraden markiert.)

Der " Sonnenaufgangseffekt " setzt in Lindau regelmäßig etwa eine halbe Stunde vor Sonnenaufgang ein mit einem Feldstärkeabfall. Um die Zeit des Sonnenaufganges durchläuft die Feldstärke ein Minimum. Im weiteren Verlauf unterscheiden sich sommerliche und winterliche Sonnenaufgangstypen : im Sommer durchläuft die Feldstärke ein flaches Maximum, um sodann in die fast konstante Tagesfeldstärke überzugehen. Im Winter dagegen kommt es häufig zuvor noch zu einem weiteren mehr oder weniger scharf ausgeprägten Minimum. Die angedeutete Unterscheidung darf nur mit Vorbehalten als eine grobe Orientierung gelten : der " Wintertyp " ist zwar noch nie im Sommer beobachtet worden, wohl aber der " Sommertyp " im Winter, und das gar nicht selten. Der Sonnenuntergang gibt ähnliche Effekte, allerdings in zeitlich umgekehrter Folge und weit schwächerer Ausprägung.

2.3 Sonneneruptionseffekte

Während des in Abb. 1 vorgestellten Jahres war die Sonnentätigkeit gering. In Jahren stärkerer Sonnenaktivität werden die Beobachtungen häufig um einen weiteren Effekt bereichert, welcher regelmäßig auf chromosphärische Sonneneruptionen folgt. In Lindau besteht dieser Effekt stets in einem Feldstärke-Anstieg um einige dB binnen weniger Minuten, dem ein allmählicher Abfall mit einer Zeitkonstanten zwischen 0,5 und 1,5 Stunden folgt. Abb. 2 zeigt ein Beispiel einer durch einen solchen Effekt gestörten Tagesregistrierung, verglichen mit der ungestörten des folgenden Tages. Obwohl das Interesse dieser Arbeit hauptsächlich der Ausbreitung unter normalen Bedingungen gelten soll, verdient dieser Effekt Erwähnung : seine leichte Meßbarkeit war nämlich der ursprüngliche Anlaß, in unserem Institut Längstwellenregistrierungen als einfache Indikatoren für ionisierende Ereignisse in der tiefen Ionosphäre zu verwenden. So verdankt diese Arbeit dem " solar flare effect " gewissermaßen ihre Entstehung.

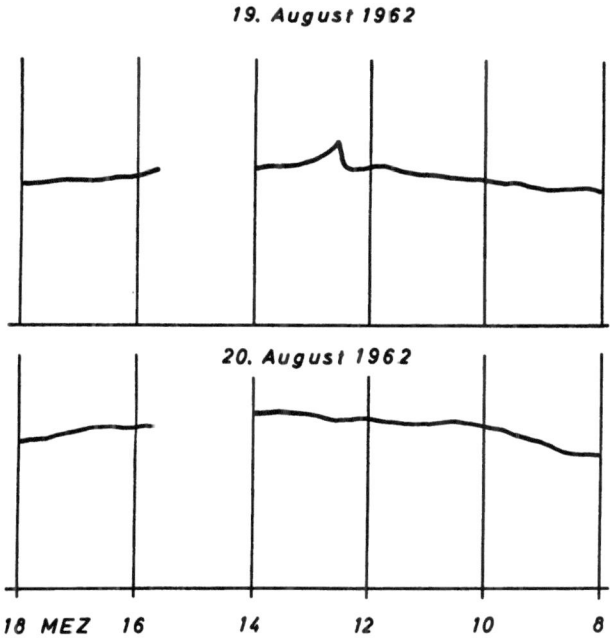

Abb. 2: Durch solar-flare-Effekte gestörte Lindauer Registrierung, verglichen mit der ungestörten des darauffolgenden Tages.

3. Eigenschaften des ionosphärischen Wellenleiters

Für die Deutung von Längstwellenbeobachtungen der beschriebenen Art sind folgende Eigenschaften des aus der Erde und der tiefen Ionosphäre bestehenden Wellenleiters von Wichtigkeit:

1. Die relative Dielektrizitätskonstante ε_E und Leitfähigkeit der Erde, σ_E.

2. Die Abhängigkeit der Dichte freier Elektronen N_{el} von der Höhe z.

3. Die Höhenabhängigkeit der Stoßzahl ν, d. i. die mittlere Zahl von Zusammenstößen, die ein freies Elektron pro sec. mit einem neutralen Luftmolekül erleidet.

Sind diese drei Eigenschaften bekannt, so läßt sich, wie im Verlauf dieser Arbeit noch näher erläutert wird, im Prinzip für einen gegebenen Sender das empfangene Feld in jeder beliebigen Entfernung ausrechnen. Daher stellen wir die wichtigsten hierüber bekannten Tatsachen, soweit sie unabhängig von Längstwellenmessungen gewonnen wurden, in einem kurzgefaßten Überblick zusammen.

3.1 Leitfähigkeit und DK der Erde

Eine Zusammenstellung zahlreicher Daten über Leitfähigkeit und Dielektrizitätskonstante des Erdbodens finden wir bei BECKMANN [1948]. Die Leitfähigkeitswerte erstrecken sich von 1 Ohm^{-1}m^{-1} für Seewasser über 10^{-2} Ohm^{-1}m^{-1} für feuchte Erde bis zu Werten kleiner als 10^{-4} Ohm^{-1}m^{-1} für trockenen Sand. Diese Werte sind praktisch konstant für Frequenzen von 500 Hz bis 20 MHz. Die DK ist 80 für Wasser, 10 für feuchte und etwa 2 für trockene Erde.

3.11 Realteil und Imaginärteil der komplexen DK der Erde

Aus der Leitfähigkeit σ_E und der DK ε_E ergibt sich die komplexe DK der Erde zu

$$\tilde{\varepsilon}_E = \varepsilon_E - i \frac{\sigma_E}{\varepsilon_0 \omega} \qquad (\omega = \text{Kreisfrequenz}).$$

Tabelle 1

	σ_E	ε_E	$\frac{\sigma_E}{\varepsilon_0 \omega}$ (für 16 kHz)
Seewasser	1 Ohm^{-1}m^{-1}	80	10^6
Feuchter Grund	10^{-2} " "	10	10^4
Trockener Grund	10^{-4} " "	2	10^2

In Tabelle 1 sind die Größenordnungen der bei BECKMANN zusammengestellten Daten sowie der für 16 kHz sich ergebende Imaginärteil der komplexen DK (ebenfalls nur größenordnungsmäßig!) wiedergegeben. Es ergibt sich, daß der Imaginärteil stets den Realteil weit überwiegt : die Erde ist für Längstwellen ein metallischer Reflektor!

3.12 Einfluß der Erde auf die 16 kHz-Ausbreitung

Da der Imaginärteil der komplexen DK den Realteil weit überwiegt, braucht man nur den Einfluß der Leitfähigkeit der Erde auf die Längstwellenausbreitung zu untersuchen. Dies tat WAIT [1957], indem er für gewisse Modellionosphären, auf die wir weiter unten zu sprechen kommen, die empfangene Feldstärke als Funktion der Entfernung vom Sender berechnete. Dabei variierte er die Erdbodenleitfähigkeit zwischen $0,002$ Ohm^{-1}m^{-1} und unendlich. Die erhaltenen Feldstärkekurven unterschieden sich merklich nur für Entfernungen über 1200 km . Daher dürfen wir, ohne einen meßbaren Fehler befürchten zu müssen, die endliche Erdbodenleitfähigkeit gänzlich außer acht lassen, d. h. die Erde als unendlich gut metallisch leitend betrachten. Diese Tatsache ist ein wesentlicher Grund dafür, daß Längstwellenregistrierungen im Entfernungsbereich bis zu 1200 km ein sehr brauchbares Werkzeug zur Dauerbeobachtung der tiefen Ionosphäre darstellen. Weitere Gründe werden wir später behandeln.

3.2 Abhängigkeit der Elektronendichte von der Höhe

Elektronendichten in über 90 km Höhe sind bereits seit mehr als dreißig Jahren der Meßtechnik zugänglich und werden mit einem seither ständig sich verdichtenden Netz von Ionosonden dauernd überwacht [DIEMINGER, 1960].

Für den, im allgemeinen als "D-Region" oder "D-Schicht" bezeichneten Höhenbereich zwischen 60 und 90 km wurden erst nach dem letzten Kriege ebenbürtige Lotungsverfahren entwickelt.

3.21 Prinzipien von D-Region-Lotungsverfahren

3.211 Methode der partiellen Reflexionen

GARDNER und PAWSEY [1953] benutzten zur D-Schicht-Lotung Impulse mit einer Trägerfrequenz von 2,3 MHz und einer Dauer von 30 μsec. Aus Amplitude und Polarisation der Partialreflexionen, welche diese unterhalb der E-Schicht erlitten, bestimmten sie die Elektronendichte als Funktion der Höhe.

3.212 Methode der Kreuzmodulation

Diese Methode wurde 1955 von FEJER beschrieben: ein Impuls der Trägerfrequenz 2,5 MHz von 50 μsec Dauer wird von einem Sender ausgestrahlt, erleidet in der D-Schicht geringe Absorption und wird an der E-Schicht reflektiert. Kurz vor Eintreffen des reflektierten Impulses am Sendeort wird ein weiterer "Störimpuls" gleicher Dauer, jedoch anderer Frequenz (1,8 MHz) und sehr hoher Energie ausgesandt. Er trifft mit dem reflektierten Impuls zusammen in einem Höhenbereich, der sich aus der Zeitdifferenz zwischen dem Eintreffen des reflektierten Impulses und der Aussendung des Störimpulses ergibt. In diesem Höhenbereich bewirkt der Störimpuls eine künstliche Erhöhung der kinetischen Temperatur der freien Elektronen, damit eine Erhöhung ihrer Stoßzahl mit neutralen Luftmolekülen, damit aber auch ein erhöhte Dämpfung für den reflektierten ersten Impuls. Aus der Amplitudenabnahme, welche dieser durch das Zusammentreffen mit dem Störimpuls erleidet, kann man auf die Elektronendichte und Stoßzahl in der betreffenden Höhe schließen.

3.213 Raketenmessungen

Weitere Informationen über die D-Regionen gewann man durch Raketenaufstiege, auf deren hochentwickelte Meßtechnik wir hier auch nicht andeutungsweise eingehen können. Wir können uns mit einem Hinweis auf eine Übersichtsdarstellung von EHMERT [1957] begnügen.

3.22 Einige typische Elektronendichteprofile

Die bis 1957 über die tiefe Ionosphäre bekannten Tatsachen wurden von WAYNICK [1957] zusammenfassend dargestellt. Auch heute noch darf diese Arbeit weitgehend als empirische Grundlage für theoretische Untersuchungen der Längstwellenausbreitung gelten. Als Prototyp eines Elektronendichteprofiles gibt WAYNICK das in Abb. 3 dargestellte Profil an, welches von HOUSTON auf Grund aller seinerzeit verfügbaren Messungen für ungestörte Mittagsverhältnisse zusammengetragen war. Dieses Profil vergleichen wir in Abb. 4 mit denen, die von GARDNER und PAWSEY [1953] mit dem oben skizzierten Verfahren für mittags, nachts und abends bestimmt wurden. Als Beispiel für Raketenmessungen zeigt Abb. 5 Ergebnisse von SEDDON und JACKSON [1958] für einen Wintertag, einen Sommertag und eine Winternacht. Obwohl diese Messungen in den hier interessierenden niedrigen Höhen nicht sehr genau sind, bestätigen sie doch die Größenordnung der von GARDNER und PAWSEY gefundenen Profile. In der gleichen Veröffentlichung findet sich ein während eines Polar Blackout gemessenes Elektronendichteprofil, welches zum Vergleich in Abb. 3 mit eingezeichnet wurde. Man ersieht daraus, mit welchen Änderungen in der tiefen Ionosphäre man bei Strahlungseinbrüchen zu rechnen hat (ca. 300-fache Vergrößerung von N_{el} in 65 km Höhe).

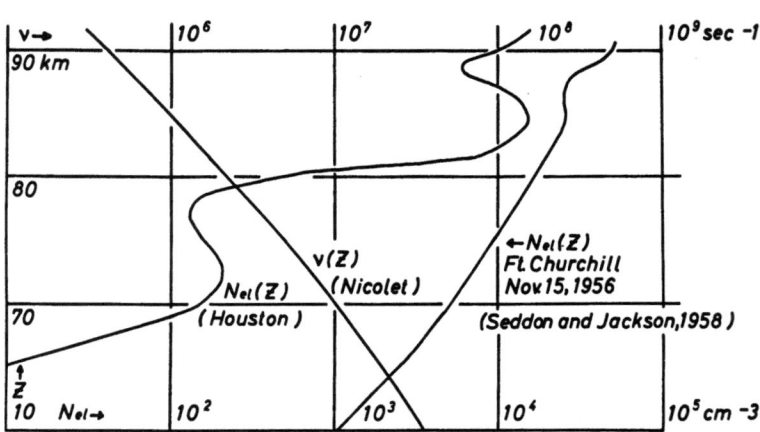

Abb. 3: Elektronendichte N_{el} als Funktion der Höhe z für ungestörte Tage nach HOUSTON [WAYNICK, 1957] und für ein Polar Blackout nach SEDDON und JACKSON [1958]; Stoßzahl ν als Funktion der Höhe.

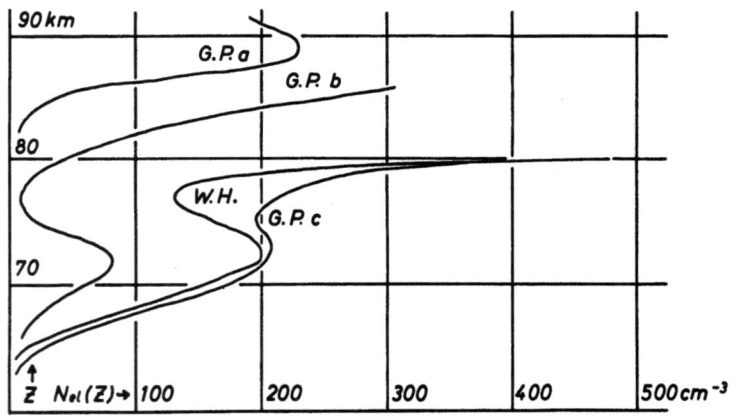

Abb. 4: Elektronendichteprofile nach GARDNER und PAWSEY [1953] (Index G.P.), verglichen mit dem von HOUSTON [WAYNICK, 1957] (Index W.H.)
    G.P.a : nach Sonnenuntergang
    G.P.b : kurz vor Sonnenuntergang
    G.P.c : mittags.

3.3 Abhängigkeit der Stoßzahl von der Höhe

Die Höhenabhängigkeit der Stoßzahl wurde zuerst 1953 von NICOLET untersucht. Er bestimmte sie aus Daten über Druck und Temperatur der Atmosphäre in verschiedenen Höhen unter Hinzuziehung von Labormessungen über die mittlere freie Weglänge von freien Elektronen in Luft. NICOLET gab eine Kurve an, die sich in dem interessierenden Höhenbereich ausgezeichnet durch ein Exponentialgesetz annähern läßt:

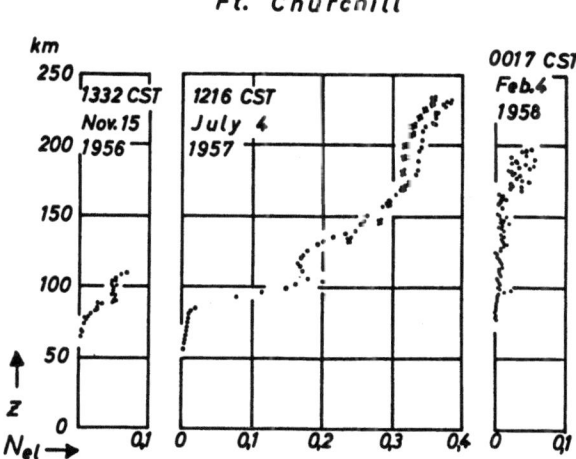

Abb. 5: Elektronendichteprofile nach Raketenmessungen von SEDDON und JACKSON [1958] für einen Winter-Mittag, einen Sommer-Mittag und eine Winternacht (Punkte im Sommer-Profil: Während des Raketenaufstieges gemessen, Kreuze: während des Raketenabfalles).

$$v(z) = v_o e^{-\frac{z-z_o}{H_v}} \quad \begin{array}{l} H_v = 6,5 \text{ km} \\ v_o = 2 \cdot 10^7 \text{ sec}^{-1} \\ z_o = 70 \text{ km} \end{array}$$

Da die NICOLET seinerzeit verfügbaren Daten nicht sehr genau waren, ist auch das Stoßzahlprofil nicht sehr sicher. Das scheint aber nur die Größe v_o zu betreffen, denn nur hier unterscheiden sich die Angaben späterer Veröffentlichungen. In dem schon zitierten Report von SEDDON und JACKSON, z. B., ist $v_o = 1 \cdot 10^7 \text{ sec}^{-1}$, in einem erst kürzlich veröffentlichen Bericht von WAIT und SPIES [1964] wurde der Wert $0,5 \cdot 10^7 \text{ sec}^{-1}$ verwendet.

Abb. 1 zeigt, in Anlehnung an VOLLAND [1963], ein von NICOLET [1959] angegebenes Stoßzahlprofil mit $v = 10^7 \text{ sec}^{-1}$. Damit repräsentieren die Abbildungen 3 und 4 im wesentlichen die Vorstellungen von der tiefen Ionosphäre, welche zu Beginn der hier beschriebenen Arbeit unabhängig von Längstwellenmessungen experimentell erarbeitet waren.

3.4 Hinweise auf neuere Arbeiten

Inzwischen sind zahlreiche weitere Arbeiten über die D-Region veröffentlicht worden. Keine jedoch wandelte das Bild so entscheidend, daß man die weitergehenden Vereinfachungen, welche zur theoretischen Behandlung der Längstwellenausbreitung nötig und längst in Gebrauch sind, deswegen hätte grundlegend ändern müssen. Daher dürfen wir uns darauf beschränken, einige Arbeiten zu nennen, in denen die Ergebnisse der letzten Jahre mit ausführlichen Literaturnachweisen zusammengestellt und diskutiert sind.

Die jüngste Übersicht dieser Art, speziell unter dem Gesichtspunkt der Deutung von Längstwellen-Ausbreitungserscheinungen zusammengestellt, findet sich in dem bereits erwähnten Bericht von WAIT und SPIES [1964]. Einen neuen ausführlichen Überblick über den Stand der Kenntnisse über die tiefe Ionosphäre gab BELROSE [1964]. BELROSE und BURKE [1964] bauten das Verfahren der partiellen Reflexionen zu einer routinemäßig brauchbaren Methode aus. BARRINGTON und THRANE [1962, 1963] benutzten ein verbessertes Kreuzmodulationsverfahren zu genauen Untersuchungen des Verhaltens der D-Schicht. Berichte über neuere Raketenmessungen finden sich in einem von THRANE [1964] herausgegebenen Sammelband über Elektronendichteverteilungen in der Iono- und Exosphäre.

3.5 Einfluß der Elektronendichte- und Stoßzahlprofile auf die Ausbreitung der Längstwellen

3.51 Definition der Ausbreitungsparameter

3.511 Das Konzept der Ersatzionosphäre

Die tiefe Ionosphäre ist ein Plasma, dessen dielektrische Eigenschaften durch Elektronendichte, Stoßzahl und Erdmagnetfeld bestimmt sind. Die Dielektrizitätskonstante dieses Plasmas ist ein Tensor mit komplexen Komponenten [WAGNER, 1947, BUDDEN, 1961], welche sich, wie man der Abb. 3 ansehen kann, innerhalb eines mit der Wellenlänge vergleichbaren Höhenbereiches stark ändern. Die Brechung und Reflexion elektromagnetischer Wellen an einem solchen Plasma war Gegenstand zahlreicher theoretischer Arbeiten. Der Reflexionsfaktor des Plasmas läßt sich numerisch berechnen, indem die inhomogene Ionosphäre angenähert wird durch eine parallele Schichtung aus dünnen, homogenen Plasmaschichten [BUDDEN, 1961]. Um derartige Berechnungen auf eine einigermaßen überschaubare Mannigfaltigkeit von möglichen Elektronendichte- und Stoßzahlprofilen beschränken zu können, muß man die Höhenabhängigkeit der dielektrischen Ionosphärenkonstanten durch möglichst einfache Funktionen anzunähern versuchen. So näherte ALPERT [1955] die Höhenabhängigkeit der ionosphärischen Leitfähigkeit durch die Funktion

$$\exp(m(z-z_o))/1 + \exp(m(z-z_o))$$

an, wobei er die Tagesbedingungen durch $m = 0,4$, $z_o = 75$ km darstellte. WAIT und WALTERS [1963] stellten BELROSEs Ergebnisse näherungsweise dar, indem sie die Leitfähigkeit exponentiell mit der Höhe anwachsen ließen. VOLLAND [1963] ging von einer Höhenabhängigkeit der Elektronendichte aus, die er direkt aus der Chapmanschen Verteilung der Elektronenproduktion über die Höhe [RATCLIFFE, 1960, S. 380 ff] ableitete.

Die Resultate aller dieser unter verschiedenen Bedingungen durchgeführten Berechnungen lassen sich auf eine sehr einfache gemeinsame Formulierung bringen, welche schon von ALPERT [s. a. 1963] benutzt und später von VOLLAND [1964 a, b, c] auf anisotrope Ionosphärenmodelle ausgedehnt wurde:

Die Reflexion elektrischer Wellen definierter Frequenz und Ausbreitungsrichtung an einer inhomogenen anisotropen Ionosphäre unterscheidet sich nicht wesentlich von der an einer homogenen, isotropen Ersatzionosphäre mit der komplexen Dielektrizitätskonstanten

$$\tilde{\varepsilon}_I = \varepsilon_I' - i\varepsilon_I'' = \varepsilon_I - i\frac{\sigma_I}{\varepsilon_o \omega}$$

und einer scharfen unteren Begrenzung in der Höhe h.

Damit sind es 3 Parameter, welche die Längstwellenausbreitung beschreiben:

1. Der Realteil der DK $\varepsilon_I' = \varepsilon_I$
2. Der Imaginärteil der DK $\varepsilon_I'' = \frac{\sigma_I}{\varepsilon_o \omega}$
3. Die Begrenzungshöhe h.

Die auf Grund von VOLLANDs Modellrechnungen zu erwartenden Größenordnungen sind:

$$-0,5 \leq \varepsilon_I' \leq +1, \quad \varepsilon_I'' \approx 1, \quad 60 \text{ km} \leq h \leq 90 \text{ km}.$$

3.512 Die Zwei-Parameter-Näherung für Schrägeinfall

Drei Parameter ergeben eine Vielfalt von Ausbreitungsbedingungen, welche für die praktische Auswertung von Messungen zu schwer zu überblicken ist. Eine Vereinfachung auf zwei Parameter, welche für Ausbreitung über große Entfernungen erlaubt ist, geht auf WAIT zurück [WAIT, 1962, WAIT und WALTERS, 1963].

Der Reflexionsfaktor unserer Ersatzionosphäre ist für parallel zur Einfallsebene polarisierte elektrische Wellen:

$$\tilde{R}_{\parallel} = R\, e^{i\phi R} = \frac{\tilde{\varepsilon}_I \cos\vartheta - \sqrt{\tilde{\varepsilon}_I - \sin^2\vartheta}}{\tilde{\varepsilon}_I \cos\vartheta + \sqrt{\tilde{\varepsilon}_I - \sin^2\vartheta}}$$

wobei ϑ der Neigungswinkel der Wellennormalen gegen die Grenzflächennormale ist. Für Ausbreitung über große Entfernungen liegen die Einfallswinkel derjenigen Wellen, die nach ein- oder mehrmaliger Reflexion an der Ionosphäre noch wesentlich zum empfangenen Feld beitragen, im Bereich über $60°$, ihr cosinus im Bereich unter $0{,}5$. Es hat daher Sinn, den Logarithmus des Reflexionsfaktors unter Benutzung der Formel

$$\ln \frac{1-x}{1+x} = -2\left(x + \frac{1}{3}x^3 + \frac{1}{5}x^5 + \ldots\right)$$

in eine Reihe nach Potenzen von $\cos\vartheta$ zu entwickeln und diese (N.B. für große Einfallswinkel!) nach dem ersten Gliede abzubrechen. Damit findet man folgende "Schrägeinfallsnäherung" für den Reflexionsfaktor

$$\tilde{R}_{\parallel} = R\, e^{i\phi R} \approx -e^{-\tilde{\alpha}\cos\vartheta}$$

wobei

$$\tilde{\alpha} = \frac{2\tilde{\varepsilon}_I}{\sqrt{\tilde{\varepsilon}_I - 1}} = \alpha - i2k\Delta h \quad \left(k = \frac{2\pi}{\lambda} = \text{Wellenzahl} \right).$$

Der Betrag des Reflexionsfaktors wird mit Hilfe des Realteils $\mathrm{Re}(\tilde{\alpha}) = \alpha$ durch die Funktion

$$R \approx e^{-\alpha\cos\vartheta}$$

angenähert. Durch die Schreibweise $\mathrm{Im}(\tilde{\alpha}) = -2k\Delta h$ ist eine Höhendifferenz Δh definiert, welche folgendes bedeutet:

Wenn wir den Reflexionsfaktor statt auf die Begrenzungsebene in der Höhe h auf eine Bezugsebene in der Höhe

$$h' = h - \Delta h$$

beziehen, so ändert sich dadurch nur seine Phase, und zwar um $2k\Delta h \cos\vartheta$ [BUDDEN, 1961, S. 86 f.]:

$$\tilde{R}_{\shortparallel}(h') = \tilde{R}_{\shortparallel}(h)\,e^{-i2k\Delta h\cos\vartheta} \cong -e^{-\mathrm{Re}(\tilde{\alpha})\cos\vartheta}\cdot e^{-i(\mathrm{Im}(\tilde{\alpha})+2k\Delta h)\cos\vartheta}.$$

Wählt man jetzt $\Delta h = -\mathrm{Im}(\tilde{\alpha})/2k$, so erhält man eine Reflexion, deren Phasensprung vom Einfallswinkel unabhängig gleich dem für streifenden Einfall ist, nämlich $\pm 180°$. h' wird als "Äquivalente Höhe" bezeichnet.

Mit dieser Vereinfachung läßt sich, in Anlehnung an VOLLAND, die Wirkung der tiefen Ionosphäre auf Längstwellen folgendermaßen beschreiben:

Die Reflexion elektromagnetischer Wellen bestimmter Frequenz und Ausbreitungsrichtung, welche schräg auf eine inhomogene anisotrope Ionosphäre auftreffen, unterscheidet sich nicht wesentlich von einer Reflexion, welche in der äquivalenten Höhe h' mit konstantem Phasensprung $\pm 180°$ und mit dem Reflexionsfaktor-Betrag $|R| = e^{-\alpha\cos\vartheta}$ stattfindet.

3.513 Einfluß der dielektrischen Konstanten der Ersatzionosphäre auf den Reflexionsfaktor

Abb. 6 zeigt, wie sich der Realteil ε' und der Imaginärteil ε'' einer komplexen DK auf den Reflexionsfaktor auswirken. Dargestellt sind Betrag (in logarithmischer Skala, ausgezogen) und Phase

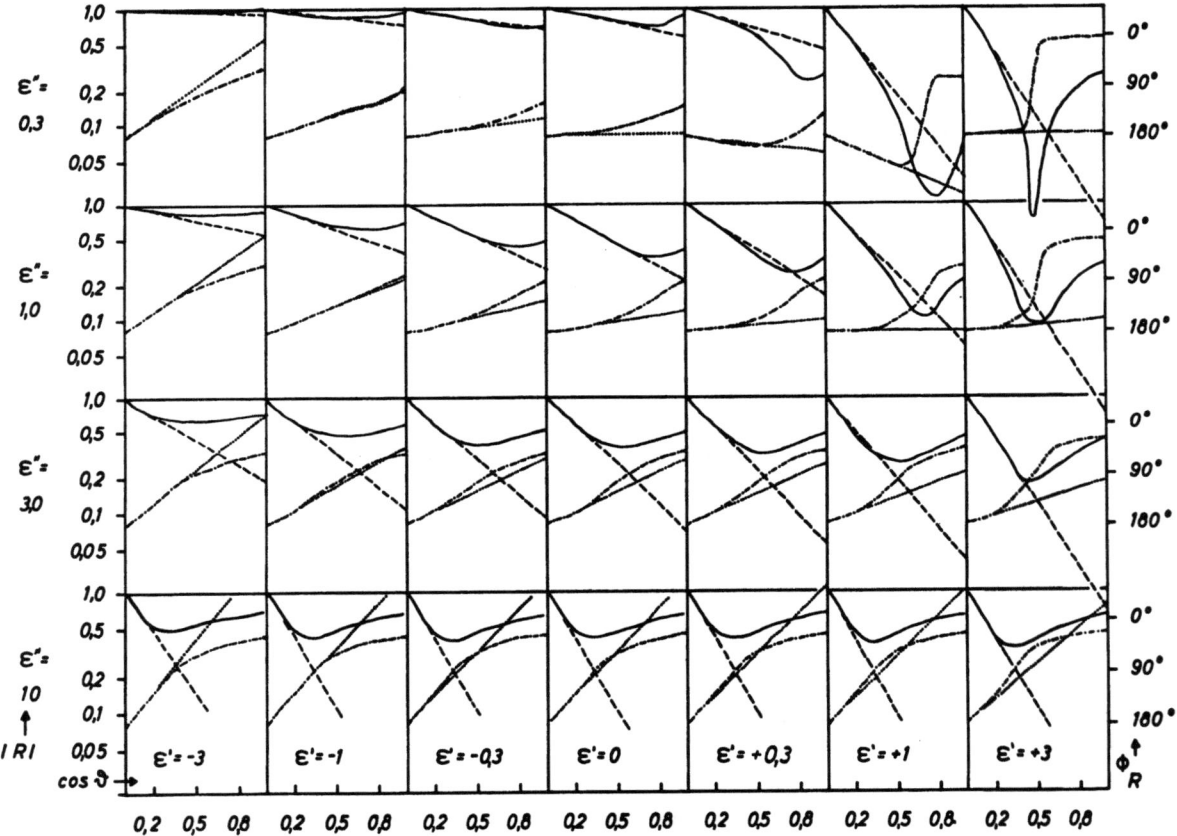

Abb. 6: Betrag $|R|$ (ausgezogen, in logarithmischer Skala) und Phase Φ_R (strichpunktiert) des Fresnelschen Reflexionsfaktors als Funktion des cosinus des Einfallswinkels ϑ für Ersatzionosphären mit verschiedenen Realteilen der komplexen Dielektrizitätskonstanten $\tilde{\varepsilon} = \varepsilon' - i\varepsilon''$ verglichen mit Betrag (gestrichelt) und Phase (punktiert) der exponentiellen Näherung für Schrägeinfall.

(strichpunktiert) des Reflexionsfaktors als Funktion des cosinus des Einfallswinkels ϑ, für verschiedene Wertepaare ε' und ε''. Die aus der Formel für $\tilde{\alpha}$ (Abschn. 3.512) berechneten Näherungen für Schrägeinfall sind ebenfalls eingezeichnet (gerade Linien, Betrag: gestrichelt, Phase: punktiert).

Wir lesen folgende Tendenzen ab :

Vergrößerung des Imaginärteils ε'' bewirkt Vergrößerung des Anstieges der Phasenkurve für kleine $\cos \vartheta$, mit anderen Worten: Vergrößerung von ε'' bewirkt Absinken der äquivalenten Höhe $h' = h - \Delta h = h + \text{Im}(\tilde{\alpha})/2k$.

Verkleinerung von ε' in den negativen Bereich hinein bewirkt Verkleinerung des Abfalles von $\log R$ für kleine $\cos \vartheta$, also Verkleinerung von α, d.h. Verbesserung der Reflexion.

Je größer der Imaginärteil ε'' ist, desto kleiner ist der Bereich von $\cos \vartheta$, für den die exponentielle Schrägeinfallsnäherung befriedigend ist.

Die Reflexionsfaktoren der Abb. 6 mit ihren zugeordneten Schrägeinfallsnäherungen gelten strenggenommen nur für ebene Wellen. Für den Beweis, daß das Prinzip der Ersatzionosphäre auch auf Kugelwellen angewendet werden kann, verweisen wir auf BUDDEN [1961]. Wir sind jetzt in der Lage, die Aufgabe dieser Arbeit knapp zu formulieren, sie lautet : Bestimmung der beiden Parameter h' und α aus Feldstärkemessungen am Boden.

Erwähnt sei noch die Größenordnung der Parameter, welche sich aus VOLLANDs Modellrechnungen ergibt :

$$1{,}25 \leq \alpha \leq 4, \qquad 60 \text{ km} \leq h' \leq 90 \text{ km}.$$

3.52 Feldberechnungen

3.521 Einfluß der zwei Parameter der Schrägeinfallsnäherung auf die Feldstärke-Entfernungskurven

Der Grundgedanke der Bestimmung von h' und α ist, das Feld, welches von einem vertikalen Dipol am Erdboden im Wellenleiter erregt wird, für verschiedene Ausbreitungsparameter und Entfernungen vom Sender zu berechnen und mit Messungen zu vergleichen. Die Feldberechnung erfolgt nach der strahlenoptischen Methode [WAIT und MURPHY, 1957, ausführliche Erläuterung bei STRATMANN, 1964] mit Hilfe der Formel

$$E_z(\varrho) = \frac{1200 \, V}{\varrho} \sqrt{\frac{\overline{W}}{1 \text{kW}}} \left(\frac{1}{2} + \sum_{M=1}^{\infty} \sin^3 \vartheta_M \, \tilde{R}_I^M \, e^{ik(\varrho - r_M)} \right)$$

ϱ = Entfernung des Empfängers vom Sender
E_z = Vertikalkomponente der empfangenen Feldstärke
$\overline{W}$ = mittlere abgestrahlte Senderleistung
M = I, II, III, ... = Reflexionszahl an der Ionosphäre
ϑ_M = Einfallswinkel der M-fach reflektierten Welle
r_M = Laufweg der M-fach reflektierten Welle
$k = \dfrac{\omega}{c} = \dfrac{2\pi}{\lambda}$ = Wellenzahl
$\tilde{R}_I$ = komplexer Reflexionsfaktor der Ionosphäre.

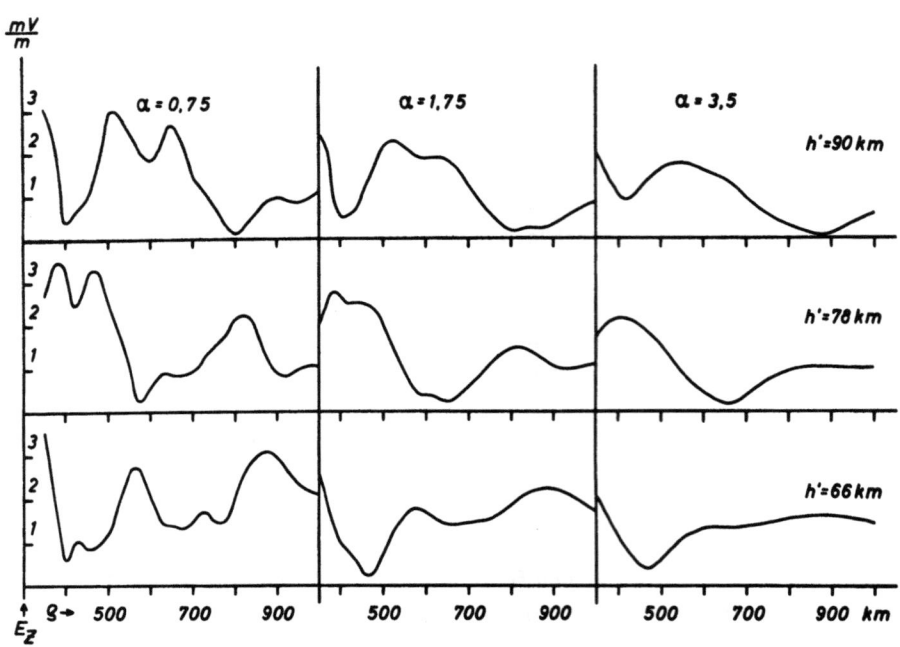

Abb. 7: Die Feldstärke E_z als Funktion der Entfernung ϱ ("E(ϱ)-kurven") zwischen 350 und 1000 km, berechnet für verschiedene Wertpaare h' und α. Die Feldstärkeskala entspricht einer ausgestrahlten Senderleistung von 1 kW.

In Abb. 7 ist die empfangene Feldstärke als Funktion der Entfernung für eine Auswahl von 9 Wertepaaren h' und α berechnet. Die Feldstärkeskala entspricht, wie in allen folgenden derartigen Abbildungen, einer ausgestrahlten Senderleistung von 1 kW. Der Entfernungsbereich 350 bis 1000 km entspricht in etwa den später zu beschreibenden Messungen, die gewählte Variationsbreite für h' und α den Reflexionsfaktor-Berechnungen von VOLLAND.

Man sieht, daß das Ergebnis Interferenzfiguren sind, welche durch die Überlagerung von Bodenwelle und Raumwelle (d.h. die Summe aller ein- oder mehrfach an der Ionosphäre reflektierten Wellen) zustandekommen. Verkleinerung von α bewirkt stärkere Ausprägung, schließlich sogar Aufspaltung der Maxima und Minima. Verkleinerung von h' läßt jene auf den Sender zu wandern: die Interferenzfigur wird gewissermaßen "zusammengedrückt".

3.522 Abschätzung des Fehlers, der durch die Verwendung der Schrägeinfallsnäherung im Entfernungsbereich 350 bis 800 km entsteht.

Es zeigt sich nun bei diesen Berechnungen, daß die Grundvoraussetzung der Schrägeinfallsnäherung in dem hier zu untersuchenden Entfernungsbereich nicht besonders gut erfüllt ist : die Bedingung nämlich, daß die Einfallswinkel derjenigen Wellen, welche nach ein- oder mehrmaliger Reflexion an der Ionosphäre noch wesentlich zum empfangenen Feld beitragen, nicht kleiner als etwa 60° sein sollen. Daher wurde der Fehler, der durch die Verwendung der 2-Parameter-Näherung entsteht, zunächst durch eine in Abb. 8 dargestellte Testrechnung abgeschätzt.

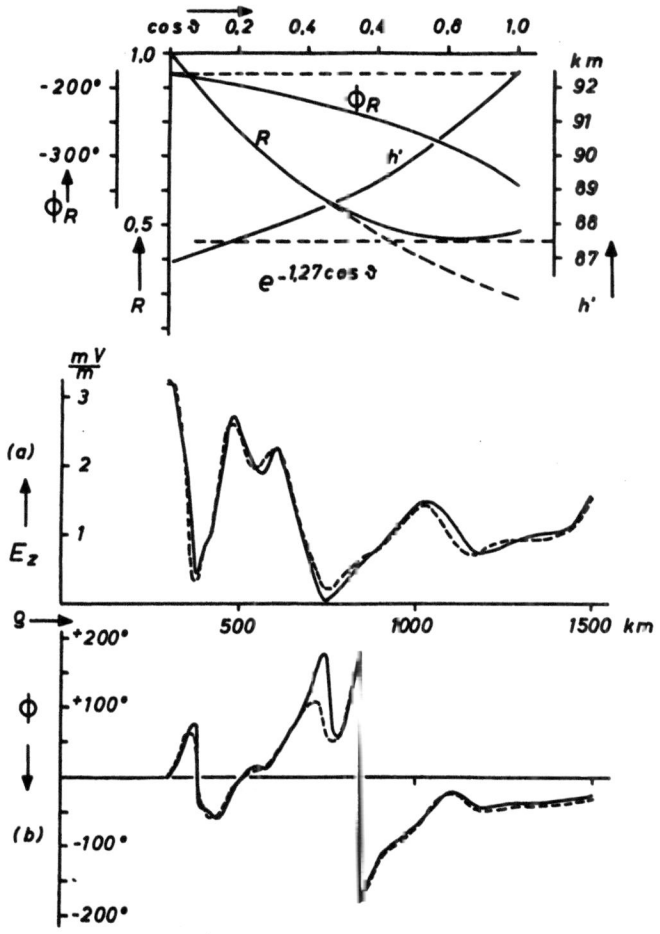

Der obere Teil zeigt Betrag und Phase des Reflexionsfaktors eines VOLLANDschen Ionosphärenmodells (Phase bezogen auf eine willkürlich festgelegte "Referenzhöhe". Einzelheiten siehe bei VOLLAND, 1963, 1964a, b, c). Die aus der Phasenkurve sich ergebende äquivalente Höhe ist stark vom Einfallswinkel abhängig : sie reicht von 87 km bei streifendem bis zu 92,5 km bei senkrechtem Einfall. Die zugehörige 2-Parameter-Darstellung nähert den Betrag durch die (gestrichelt gezeichnete) Exponentialkurve $e^{-1,3\cos\vartheta}$ an, die äquivalente Höhe durch den (ebenfalls gestrichelt eingezeichneten) konstanten Wert 87,5 km.

Darunter ist das Ergebnis der Feldberechnung für Entfernungen zwischen 300 und 1500 km gezeichnet, und zwar unter Verwendung sowohl der von VOLLAND gerechneten Betrags- und Phasenwerte (ausgezogen) als auch der Schrägeinfallsnäherung (gestrichelt).

Für diese Berechnung war von den durch VOLLAND berechneten Reflexionsfaktoren derjenige ausgewählt, der sich am schlechtesten mit einer Schrägeinfallsnäherung darstellen ließ. Daher darf man aus der in Abb. 8 ersichtlichen guten Übereinstimmung schließen, daß die 2-Parameter-Näherung mit ausreichender Genauigkeit die Reflexionsfaktoren inhomogener Plasmaschichten wiedergibt, vorausgesetzt, daß diese ihrerseits durch VOLLANDs Modelle einigermaßen beschrieben werden können.

Abb. 8 : Prüfung der Schrägeinfallsnäherung :
Oben : Amplitude R und Phase Φ_R des Reflexionsfaktors und die Aequivalenthöhe h' als Funktion des cosinus des Einfallswinkels ϑ für ein anisotropes, inhomogenes Ionosphärenmodell von VOLLAND [1963] berechnet (ausgezogene Kurven) und die dazugehörige Schrägeinfallsnäherung (gestrichelt).
Unten : Amplitude E_z und Phase ϕ der Feldstärke als Funktion der Entfernung ϱ, berechnet für VOLLANDs Modell (ausgezogen) und die dazugehörige Schrägeinfallsnäherung (gestrichelt)

Eine weitere Testrechnung zeigt Abb. 9. Hier wurden aus den Reflexionsfaktoren für 3 Ersatzionosphären die Feldstärken im Entfernungsbereich 350 bis 800 km berechnet [STRATMANN, 1964] (ausgezogene Linien) und mit den Feldstärken verglichen, welche sich aus der zugehörigen 2-Parameter-Näherung ergeben (gestrichelte Linien): Man ersieht aus diesem Vergleich, daß die 2-Parameter-Näherung nur für solche Ersatzionosphären eine befriedigende Näherung ist, deren DK-Imaginärteil ε'' nicht wesentlich größer ist als etwa 3. Wird dieser zu groß, (in diesem Beispiel von der Größenordnung 10), so oszilliert die resultierende Feldstärke um die, welche sich aus der zugeordneten 2-Parameter-Näherung ergibt, herum in der Art, wie es Abb. 9 links unten zeigt.

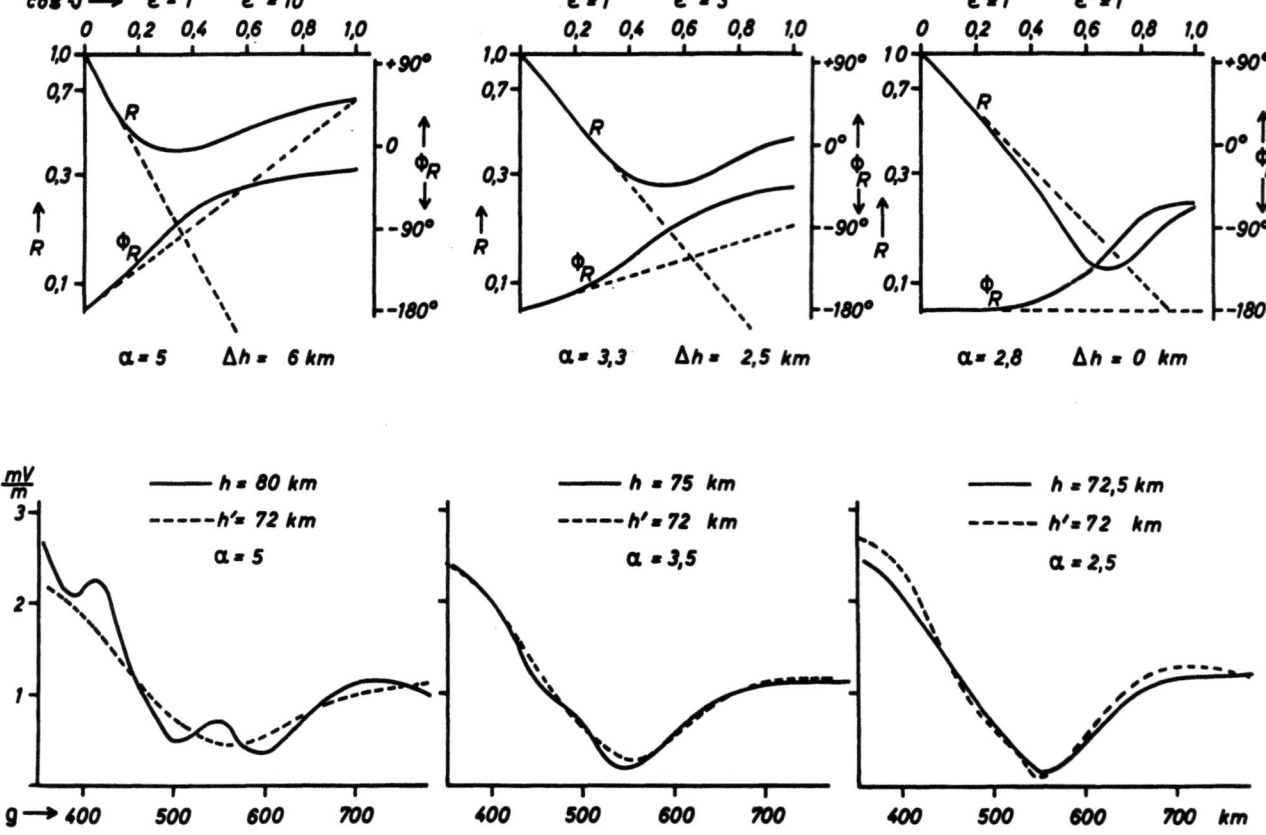

Abb. 9 : Prüfung der Schrägeinfallsnäherung : <u>Oben</u> : Betrag und Phase des Fresnel-Reflexionsfaktors für drei Wertepaare ε' und ε'' (ausgezogen) mit dazugehöriger Schrägeinfallsnäherung (gestrichelt). <u>Unten</u> : Feldberechnungen unter Benutzung der Fresnel-Reflexionsfaktoren [STRATMANN, 1964] (ausgezogen) und der Schrägeinfallsnäherungen (gestrichelt). N.B. Die im unteren Bildteil verwendeten Wertepaare h ' und α weichen unwesentlich von den Werten h - Δh und α, welche sich aus den darüber stehenden Reflexionsfaktoren ergeben, ab. Bei diesem Vergleich wurden nämlich Feldstärkekurven verwendet, bei deren Berechnung die Parameter in relativ großen Schritten geändert worden waren, sodaß nicht für jedes beliebige Wertepaar h ' und α eine Feldstärkekurve verfügbar war.

3.523 Einfluß aller 3 Parameter der Ersatzionosphäre auf die Ausbreitung von Längstwellen

Abschließend orientieren wir uns an Hand von Abb. 10, wie sich die Variation aller 3 Parameter der Ersatzionosphären auf die Feldstärke-Entfernungskurven auswirkt.

Verkleinerung von h läßt die Maxima und Minima der Interferenzfigur auf den Sender zu wandern, wirkt also genauso wie eine Verkleinerung von h ' in Abb. 7 .

Vergrößerung von ε'' läßt die Maxima und Minima auf den Sender zu wandern, entsprechend der in Abschn. 3.513 festgestellten Verkleinerung von h' . Gleichzeitig wird die Interferenzfigur komplizierter durch das Auftreten von zusätzlichen Zwischenmaxima und -minima.

Verkleinerung von ε' über 0 hinaus zu negativen Werten, hat — allerdings nur bei kleinen ε'' - Werten — eine starke Auswirkung ähnlich einer Verkleinerung von α in Abb. 7 ; außerdem wandern auch hierbei die Maxima und Minima auf den Sender zu, entsprechend einer Verkleinerung von h ' .

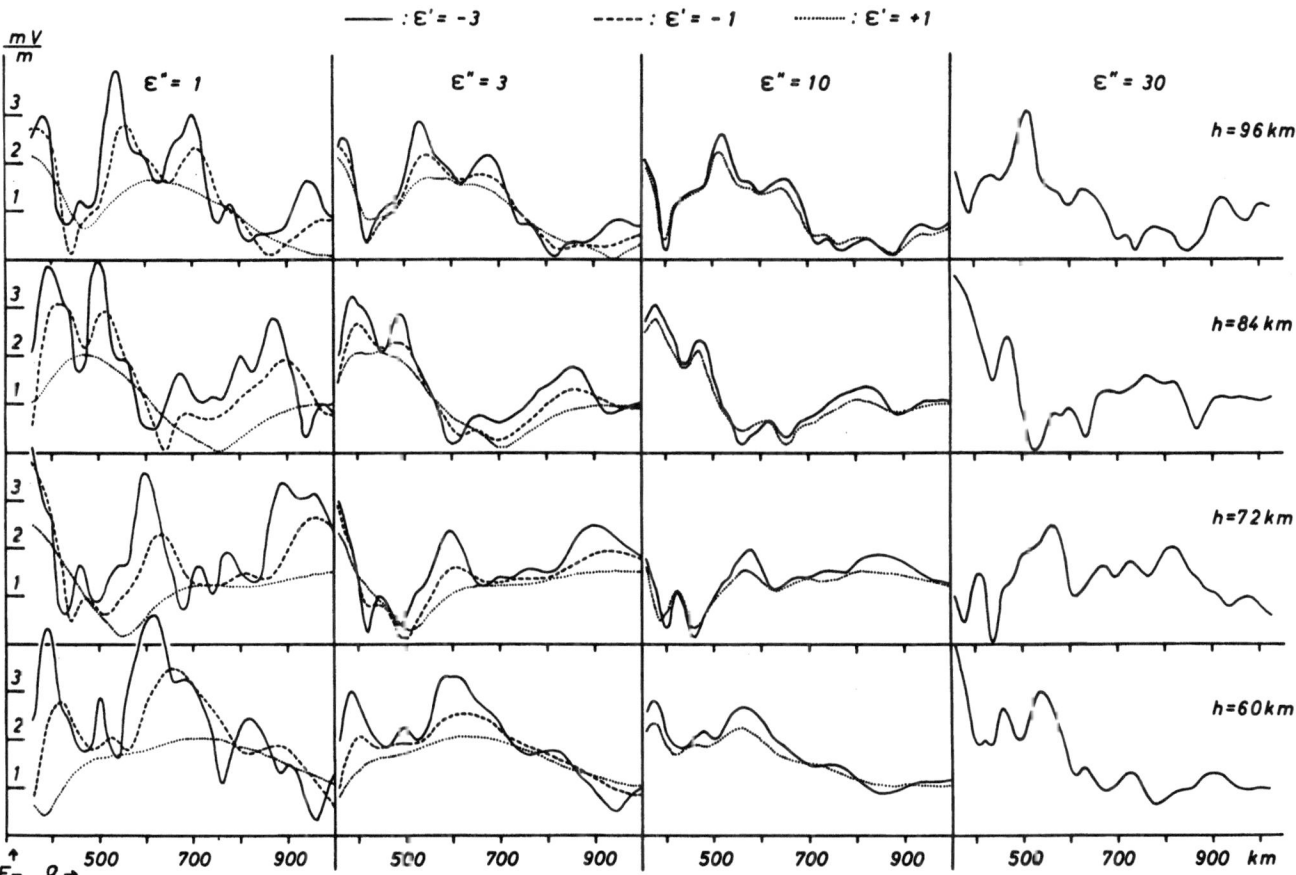

Abb. 10 : Feldstärkeberechnungen wie in Abb. 7, für verschiedene Werte aller 3 Parameter der Ersatzionosphäre.

3.53 Unterscheidung von Reflexionstypen

An Hand von Abb. 6 und 10 können wir eine grobe Unterscheidung von Reflexionstypen finden, die sich später als Orientierung nützlich erweisen wird.

Stark dielektrische Reflexion : die Ersatzionosphäre hat eine DK, deren Realteil negativ und dem Betrage nach erheblich größer ist als der Imaginärteil (Beispiel : Abb. 10, linke Spalte, ausgezogene Linien).

Schwache Reflexion : Real- und Imaginärteil sind beide von der Größenordnung 1 (Beispiel : Abb. 10, linke Spalte, punktierte Linien).

Stark metallische Reflexion : der Imaginärteil ist erheblich größer als der Realteil (Abb. 10, 3. und 4. Spalte von links).

Schwach dielektrische und schwach metallische Reflexion kann man nicht unterscheiden.

Die 2-Parameter-Näherung beschreibt den Bereich von schwacher Reflexion, mit α etwa gleich 3, bis zu stark dielektrischer, mit α ungefähr 0,3, gut. Je mehr die Reflexion zum stark metallischen Typ tendiert, desto schlechter kann sie durch die 2-Parameter-Näherung beschrieben werden.

4. Überblick über vorhergegangene Bestimmungen von Längstwellen-Ausbreitungsparametern

Bevor wir uns den eigenen Messungen und ihrer Interpretation zuwenden, soll versucht werden, ein Bild von der inzwischen erdrückend angewachsenen Längstwellen-Literatur zu geben. Der Überblick wird dadurch erschwert, daß die Beschreibung der Ausbreitungsbedingungen durch die verschiedenen Autoren keineswegs einheitlich erfolgt. Dies war der Grund, den Abschnitt über die Ausbreitungsparameter dem folgenden Überblick voranzustellen. Um den Rahmen dieser Arbeit nicht zu sprengen, beschränken wir uns auf die Zusammenstellung der wichtigsten vorhergegangenen Versuche, für Frequenzen möglichst nahe bei 16 kHz die Ausbreitungsparameter aus Messungen zu bestimmen.

Die Existenz einer Interferenzfigur wie in den Abb. 7 und 10 wurde erstmalig durch HOLLINGWORTH [1926] experimentell nachgewiesen. Er bestimmte die Feldstärke als Funktion der Entfernung von einem 21 kHz-Sender im Bereich 300 bis 1000 km und schloß für diese Frequenz auf eine Reflexionshöhe von 74 km an Sommertagen.

BUDDEN, RATCLIFFE und WILKES [1939] beschrieben eine Parameterbestimmung für 16 kHz, die unserem später zu erläuternden Verfahren nicht unähnlich ist. Die Autoren bestimmten während einiger aufeinanderfolgender, ruhiger Septembertage die Feldstärke als Funktion der Entfernung, wobei sie an verschiedenen Tagen mit ein und derselben Empfangsanlage in verschiedenen Entfernungen Messungen ausführten. Da sie die britischen Inseln nicht verließen, blieb der Entfernungsbereich auf weniger als 400 km beschränkt. Aus dem Vergleich zwischen berechneten und gemessenen Kurven schlossen sie für Tagesverhältnisse auf eine Reflexionshöhe von 67 km (die Reflexionshöhe war genauso definiert wie unser h') und auf einen vom Einfallswinkel unabhängigen Reflexionsfaktor von 0,12. Die zeitliche Variation der Reflexionshöhe wurde durch Phasenmessungen an der ordentlichen und außerordentlichen Komponente der einmal an der Ionosphäre reflektierten Welle in Cambridge (90 km vom Sender GBR entfernt) bestimmt. Unter der Annahme, daß die Reflexion in einem bestimmten Höhenbereich an der Unterkante einer Chapman-Schicht stattfinde, deren Form und Höhe bekanntlich einem Sonnenstandsgesetz unterworfen ist [RATCLIFFE, 1960, S. 380 ff], konnten die Autoren die Skalenhöhe im Bereich der Reflexionshöhe zu ($6 \pm 0,5$) km bestimmen, was sehr gut zu der Angabe der Stoßzahl-Skalenhöhe in Abschn. 3.3 paßt. Die in Abschn. 2.3 erwähnte Anomalie wird als kurzzeitiges Absinken der Reflexionshöhe gedeutet. Außerdem wird als "Novembereffekt" der jährlich binnen weniger Tage nahe Anfang November sich vollziehende Wechsel zwischen sommerlichen und winterlichen Ausbreitungsbedingungen erwähnt und so gedeutet, daß die winterliche Tagesreflexionshöhe 3 km unter der sommerlichen liege. Dieser Deutung widersprechen allerdings Tatsachen, die in dieser Arbeit noch genauer beschrieben werden.

Unmittelbar nach dem Kriege wurde die Längstwellenarbeit besonders intensiv am Cavendish Laboratory in Cambridge vorangetrieben. Eine Übersicht über die Resultate gaben BRACEWELL, BUDDEN, STRAKER, RATCLIFFE und WEEKES [1951]. Die Meßmethoden waren im wesentlichen die gleichen wie schon zuvor von BUDDEN, RATCLIFFE und WILKES beschrieben: Entweder wurde die Feldstärke mit einer beweglichen Empfangsanlage zu verschiedenen Zeiten in verschiedenen Entfernungen registriert oder es wurde Betrag und Phase, evtl. auch Polarisation der empfangenen Feldstärke an einem festen Ort kontinuierlich registriert [BRACEWELL et al., 1951, S. 227].

Die erste dieser beiden Methoden erlaubt zwar direkte Vergleiche mit Berechnungen, jedoch muß man annehmen, daß die Ausbreitungsbedingungen zu den verschiedenen Meßzeiten sich nicht wesentlich voneinander unterscheiden. Das beschränkte diese Meßmethode auf die ruhigen Verhältnisse ungestörter Sommertage. Für die erfahrungsgemäß überall unruhigen Nachtmessungen ist sie unbrauchbar.

Die zweite Methode dagegen erbringt zu wenig experimentelle Daten, um daraus ohne mehr oder weniger kühne Zusatzannahmen auf die Ausbreitungsbedingungen schließen zu können.

Wir entnehmen dem Bericht von BRACEWELL et al. [1951] folgende Beschreibung der Arbeitsbedingungen :

Die Reflexionshöhe beträgt an einem Sommermittag 74 km , an einem Wintermittag 79 km, in einer Sommernacht 92 km . Dabei wurde allerdings angenommen, daß die Reflexion ohne Phasensprung erfolge. Der Reflexionsfaktor wird für einen Sommertag zu 0,15 für Entfernungen bis zu 300 km, zu 0,35 für Entfernungen zwischen 500 und 800 km angegeben. Diese Ergebnisse deuteten BRACEWELL und BAIN [1952] durch ein aus zwei Teilschichten zusammengesetztes D-Schicht-Modell. Allerdings konnte später VOLLAND [1964c] zeigen, daß auch ein einfacheres Einschicht-Modell zur Erklärung ausreicht.

Die Messung der Entfernungsabhängigkeit der Feldstärke läßt sich verbessern, indem die bewegliche Empfangsanlage in ein Flugzeug eingebaut wird, welches eine Meßstrecke in relativ kurzer Zeit überfliegt [WEEKES, 1950]. Hierdurch steigt der technische Aufwand natürlich erheblich. Für die rasch wechselnden Nachtausbreitungs-Verhältnisse scheint jedoch auch ein Flugzeug nicht schnell genug zu sein.

Ein Bericht von HERITAGE, WEISBROD und BICKEL [1957] über derartige Messungen beschränkt sich auf Angaben über die Tagesausbreitung auf verschiedenen Frequenzen. Die an einem Hochsommertag gemessene Interferenzfigur für 16,6 kHz deuten die Autoren durch eine Reflexionshöhe von 70 km und einen Reflexionsfaktor von 0,2 für kleine, 0,6 für große Entfernungen. WAIT und MURPHY [1957] gaben dafür folgende Ersatzionosphären-Daten : h = 70 km, $\varepsilon' = 1$, $\varepsilon'' = 2$. Während diese Daten einem West-Ost-Flug über 1200 km entnommen waren, erbrachte ein tags darauf durchgeführter Nord-Süd-Flug über 600 km einen Reflexionsfaktor zwischen 0,25 und 0,45. Für einen Wintertag wird ein Reflexionsfaktor zwischen 0,4 und 0,7 angegeben, jedoch mit Vorbehalten bezüglich der Genauigkeit der Reflexionshöhenangabe von 70 km.

Von den deutschen Arbeiten nach dem Kriege seien hier zunächst die meines 1959 verstorbenen Vorgängers REVELLIO genannt. Er begann 1953 am Max-Planck-Institut für Stratosphärenphysik in Weissenau mit Längstwellenmessungen, zunächst an Atmospherics (welche nicht Gegenstand dieser Arbeit sind), später auch an Signalen kommerzieller Längstwellensender.

Wir verdanken ihm eine eingehende phänomenologische Beschreibung der in Weissenau beobachteten Feldstärken [REVELLIO, 1958, 1959], eine gründliche Untersuchung der Korrelation zwischen dem Sonnenaufgangseffekt und dem Sonnenaufgang in verschiedenen Höhen [1956], sowie erheblichen Anteil an breitangelegten Versuchen einer Zusammenschau der verschiedenen Längstwellenausbreitungsmessungen sowohl untereinander als auch mit anderen geophysikalischen Phänomenen [EHMERT und REVELLIO, 1957]. Der Versuch, die Ausbreitung durch eine Modellionosphäre zu beschreiben, wurde nur an Hand einiger nächtlicher Atmospherics-Aufnahmen unternommen [1956]. Wir finden Reflexionshöhenangaben von 85 bis 87 km und eine effektive Leitfähigkeit der nächtlichen Ionosphäre von ca. $3,6 \cdot 10^4$ el. st. Einh. [REVELLIO, 1956, S.26] (diese Angabe entspricht $4 \cdot 10^{-6}$ $\text{Ohm}^{-1}\text{m}^{-1}$).

Ein sehr interessanter Beitrag zur Deutung von Längstwellenregistrierungen stammt aus dem Observatorium für Ionosphärenforschung in Kühlungsborn. SCHMELOVSKY [1958] und LAUTER [LAUTER und SCHMELOVSKY, 1958] deuteten den Sonnenaufgangseffekt der 16 kHz-Ausbreitung durch Beugungserscheinungen an der Schattengrenze zwischen Tag- und Nachtgebieten. Es ist jedoch nicht in Kürze möglich, die Modellvorstellungen, die den theoretischen Überlegungen der Autoren zugrunde liegen, zu den in Abschn. 3 entwickelten Modellparametern in Beziehung zu setzen. Daher werden wir auf Grund der eigenen, später zu beschreibenden Messungen, nur qualitativ dazu Stellung nehmen können.

Am Heinrich-Hertz-Institut in Berlin/Charlottenburg wird die GBR-Feldstärke mit einer durch EPPEN und HEYDT [1959] erstellten Anlage seit 1958 laufend nach Betrag und Phase registriert. Über Messungen an den Signalen des Senders Criggion (19,6 kHz) und Rugby berichtete VOLLAND [1960]. Zur Deutung der Tagesausbreitung auf 16 kHz zog er eine Ersatzionosphäre mit konstanter effektiver Leitfähigkeit von etwa 10^{-6} Ohm^{-1}m^{-1} heran [VOLLAND, 1959]. Ihre Begrenzungshöhe fand er zu 68 bis 69 km im Sommer und bis zu etwa 77 km im Winter. Die Sonneneruptionseffekte deutete VOLLAND, ähnlich wie vorhergehende Autoren, durch Absinken der Begrenzungshöhe um einige (maximal 10) km . Die Nachtausbreitung wurde nicht behandelt.

Unmittelbar vor Beginn der experimentellen Vorbereitung dieser Arbeit erschien ein Artikel von HARGREAVES und ROBERTS [1962], dessen Fragestellung fast genau mit der unsrigen übereinstimmt. Die Autoren suchten Parameter zur Beschreibung der Wellenausbreitung auf 19,6 und 17,2 kHz über Entfernungen zwischen 300 und 2000 km . Sie benutzten, in Anlehnung an WAIT und PERRY [1957], folgende 2 Ausbreitungsparameter:

1. Die Begrenzungshöhe h einer scharf begrenzten, homogen ionisierten Ersatzionosphäre,

2. den Kehrwert L des Imaginärteiles der DK der Ersatzionosphäre. Sie variierten diese Parameter über folgende Bereiche :

$$65 \text{ km} \leqq h \leqq 90 \text{ km}, \qquad 0,157 \leqq L = 1/\varepsilon" \leqq 1,26$$

Der Realteil der DK wurde als konstant gleich +1 angenommen, das Erdmagnetfeld berücksichtigt, indem der Imaginärteil mit einer gewissen komplexen Konstanten multipliziert wurde. Einzelheiten hierüber findet man bei WAIT und PERRY [l.c.].

Für die Tagesausbreitung ergab sich h = 69 km und L ungefähr 0,5 in guter Übereinstimmung mit früheren Arbeiten. Für die Nachtausbreitung dagegen konnte kein Parameterpaar gefunden werden, welches mit den Messungen Übereinstimmung ergab. Relative Änderungen der Reflexionshöhe während des Tages konnten gut bestimmt und mit dem bekannten Sonnenstandsgesetz gedeutet werden. Der Sonnenaufgangseffekt wurde durch eine Reflexionshöhenabnahme von insgesamt etwa 15 km gedeutet.

Zusammenfassend läßt sich sagen, daß bei der Beschreibung der Längstwellenausbreitung am Tage alle Autoren gut übereinstimmen. Eine Ersatzionosphäre in etwa 70 km Höhe mit einer effektiven Leitfähigkeit von größenordnungsmäßig 10^{-6} Ohm^{-1}m^{-1} [VOLLAND, 1960, S.2] beschreibt über mittlere Entfernungen die Messungen gut. Über die Nachtausbreitung lassen sich nur unsichere Angaben machen. Man findet für die Reflexionshöhe Werte zwischen 80 und 95 km. VOLLAND [1964c, S.225] äußerte die Vermutung, daß man die Unruhe der Nachtregistrierungen nicht erklären könne, ohne ionosphärische Irregularitäten auf dem Ausbreitungswege anzunehmen. Das würde bedeuten, daß man die bei allen Modellrechnungen stillschweigend vorausgesetzte Ortsunabhängigkeit der Ionosphärenparameter fallen lassen müßte. Das aber hieße, daß die nächtliche Ausbreitung viel zu kompliziert wäre, um einer einfachen Beschreibung durch Modellparameter zugänglich zu sein, daß wir uns also ein prinzipiell unerreichbares Ziel gesteckt haben.

Wir werden jedoch zeigen können, daß diese Vermutung zu pessimistisch ist. Tatsächlich läßt sich ein Modell angeben, welches die Nachtausbreitung mindestens im Entfernungsbereich von 350 km bis 800 km genauso einfach beschreibt, wie es für die Tagesausbreitung schon zuvor möglich war.

5. Eigene Messungen

5.1 Die Empfängerkette

Im August 1962 wurde auf Anregung des Verfassers [FRISIUS, 1962] ein neuer Versuch begonnen, die Ausbreitungsparameter experimentell zu bestimmen.

Hierzu wurden 8 Empfänger möglichst nahe der Verbindungslinie zwischen Rugby und Lindau auf einer etwa 400 km langen Meßstrecke in möglichst gleichmäßigem Abstand voneinander aufgestellt. Der Versuch, welcher bis zum April 1963 lief, ist ausführlich durch STRATMANN [1964] beschrieben worden. Eine kurze Beschreibung findet sich in einem Bericht von FRISIUS, EHMERT und STRATMANN [1964]. Der sendernächste Empfänger stand in Monster an der holländischen Kanalküste (367 km), der fernste in Lindau (778 km). Damit ermöglichte die Meßstrecke die ständige Beobachtung des ausgeprägten Interferenzminimums, welches unter Tagesausbreitungsverhältnissen bei etwa 500 km zu finden ist. Dieser Entfernungsbereich ist für Längstwellenbeobachtungen aus folgenden Gründen sehr günstig :

1. Die Erdleitfähigkeit hat kaum Einfluß, wie schon in Abschn. 3.12 erläutert.

2. Die Erdkrümmung darf vernachlässigt werden [VOLLAND, 1959, S.29].

3. Alle Feldstärkeänderungen, die man auf Grund der Änderungen von Ausbreitungsparametern erwartet, sind in diesem Entfernungsbereich am stärksten.

Nahe beim Sender (weniger als etwa 150 km) ist nur die konstante Bodenwelle von Wichtigkeit. Weit entfernt vom Sender (mehr als etwa 1500 km) versagt die strahlenoptische Berechnung der Feldstärke, da die Strahlensumme (Abschn. 3.521) nicht mehr ausreichend schnell konvergiert. Die verschiedenen reflektierten Wellen vereinigen sich zu Wellenleitermodes, von denen für große Entfernungen nur ein schwach gedämpfter " Hauptmode " ("dominant mode ") übrigbleibt. Die Amplitude dieses modes fällt umgekehrt proportional der Wurzel aus der Entfernung ab und ist von den Ausbreitungsparametern nicht mehr sehr stark abhängig [WAIT, 1957, S.766 f; FRISIUS, EHMERT und STRATMANN, 1964]. Hinzu kommt bei großen Entfernungen, daß die Erdleitfähigkeit und Erdkrümmung nicht mehr vernachlässigt werden dürfen. Schwerer noch wiegt der Nachteil, daß die Voraussetzung ortsunabhängiger Ausbreitungsparameter desto fragwürdiger wird, je größer die Entfernung ist, je ausgedehntere Bereiche der D-Region also an der Ausbreitung beteiligt sind.

Wichtig ist die Anordnung der Empfänger auf einer geraden Linie, weil infolge der Anisotropie der Ionosphäre durch das Erdmagnetfeld die Ausbreitungsparameter richtungsabhängig sind. Dies zeigte sich z.B. bei den bereits zitierten Messungen von HERITAGE et al. [1957]. Aus neuerer Zeit liegt eine theoretische und experimentelle Untersuchung von RIES [1964] über diese Problematik vor .

Wünschenswert wäre es gewesen, bei unseren Messungen das Maximum mit zu erfassen, welches den Berechnungen im Abschn. 3.52 (Abb.7 und 10) zufolge unter Tagesbedingungen in etwa 1000 km Entfernung vom Sender zu finden sein sollte. Leider befindet sich dieses jenseits der Ostgrenze der Bundesrepublik und konnte nicht in das Meßprogramm einbezogen werden.

Der Grundgedanke des Versuches war, wie bei früheren Autoren, die Feldstärke als Funktion der Entfernung zu bestimmen und mit gerechneten Feldstärke-Entfernungskurven (Abb.7 und 10, im folgenden kurz $E(\varrho)$-Kurven genannt) zu vergleichen. Im Gegensatz zu früheren Arbeiten sollte jedoch eine kontinuierliche Beobachtung der Interferenzfigur gewährleistet sein. Hierzu war es nötig, mittels einer beweglichen Empfangsanlage die Empfindlichkeiten der einzelnen fest stationierten Empfänger untereinander zu vergleichen.

Diese Aufgabe wurde zum größten Teil durch meinen Kollegen Herrn STRATMANN bewältigt, dem ich an dieser Stelle für seinen Einsatz herzlichst danken möchte.

5.2 Charakteristika der Feldstärkeregistrierungen in verschiedenen Entfernungen

Die Abb. 11, 12 und 13 zeigen für je einen Tag im Oktober, Dezember und März die gleichzeitig an 7 bzw. 8 Stationen registrierten Tagesgänge der 16 kHz-Feldstärke. Zwei im Dezember zusätzlich eingezeichnete Tagesgänge sollen einen Eindruck vermitteln, wie stark sich der Charakter der Registrierungen in dieser Zeit von Tag zu Tag ändern kann.

Links von jeder Tagesgang-Registrierung finden wir, neben der Stationsangabe, eine Kurvenschar, welche die theoretisch berechneten Feldstärken als Funktion der äquivalenten Höhe h' für verschiedene α-Parameter angibt. Diese theoretischen "E(h')-Kurven" werden wir bei einer späteren Diskussion brauchen. Die Zeitachse läuft wieder, wie in Abb. 1, von rechts nach links, ebenso sind wieder die Sonnenauf- bzw. -untergangszeiten am Boden durch gestrichelte Geraden markiert.

Zuoberst sind die in Monster (367 km) aufgenommenen Registrierungen gezeichnet, darunter De Bilt (434 km), Wageningen (469 km) und so fort mit wachsenden Abständen bis zu den zuunterst gezeichneten Lindauer Registrierungen, die wir dem Typ nach schon von Abb. 1 kennen.

5.21 Tag- und Nachtregistrierungen

An allen Stationen fällt zunächst wieder der charakteristische Unterschied zwischen Tag- und Nachtregistrierungen auf. Die Feldstärken ändern sich überall am Tage nur wenig, nachts dagegen rasch und unregelmäßig. Außerdem können wir den Abb. 11 bis 13 sofort einige qualitative Zusammenhänge zwischen den Registrierungen in Lindau und denen an anderen Stationen entnehmen.

Am Tage finden wir während des Oktobers ein ausgeprägtes Feldstärke-Minimum zwischen Wageningen (469 km) und Bocholt (534 km). Die niedrigeren Lindauer Tagesfeldstärken im Winter hängen offensichtlich damit zusammen, daß das Minimum während dieser Zeit in der Gegend zwischen Bocholt (534 km) und Hohe Mark (571 km) liegt, also sich der Station Lindau (778 km) genähert hat. In Beckum, Mönkeberg und Lindau (634, 693 und 778 km) wurde während des Versuches niemals ein Tagesminimum gefunden, in De Bilt und Monster (434 und 367 km) nur unter extrem gestörten Verhältnissen [FRISIUS, EHMERT und STRATMANN, 1964], deren Analyse mittels der in dieser Abhandlung entwickelten Methoden einer späteren Arbeit vorbehalten bleiben muß.

Für die Nachtfeldstärken ist es viel schwerer, derartige Zusammenhänge herauszufinden. Als typisch darf man folgende Kombination von Registrier-Ausschlägen bezeichnen :

Monster (367 km) sehr niedriger, Wageningen und Hohe Mark (469 und 571 km) sehr hoher, Mönkeberg wieder niedriger Feldstärkespiegel. Die gelegentlichen nächtlichen Feldstärkeabnahmen in Lindau (778 km) sind stets begleitet von

Zunahmen in Monster und Mönkeberg (367 und 693 km)
Abnahmen in De Bilt und Hohe Mark (434 und 571 km)

so, als ob sich ein normalerweise bei Monster und Mönkeberg gelegenes Minimum und ein bei Hohe Mark gelegenes Maximum vom Sender fort bewegten. In den Dezembernächten scheint das Minimum von Mönkeberg nach Beckum, das Maximum von Hohe Mark nach Bocholt, also auf den Sender zu, verlagert zu sein.

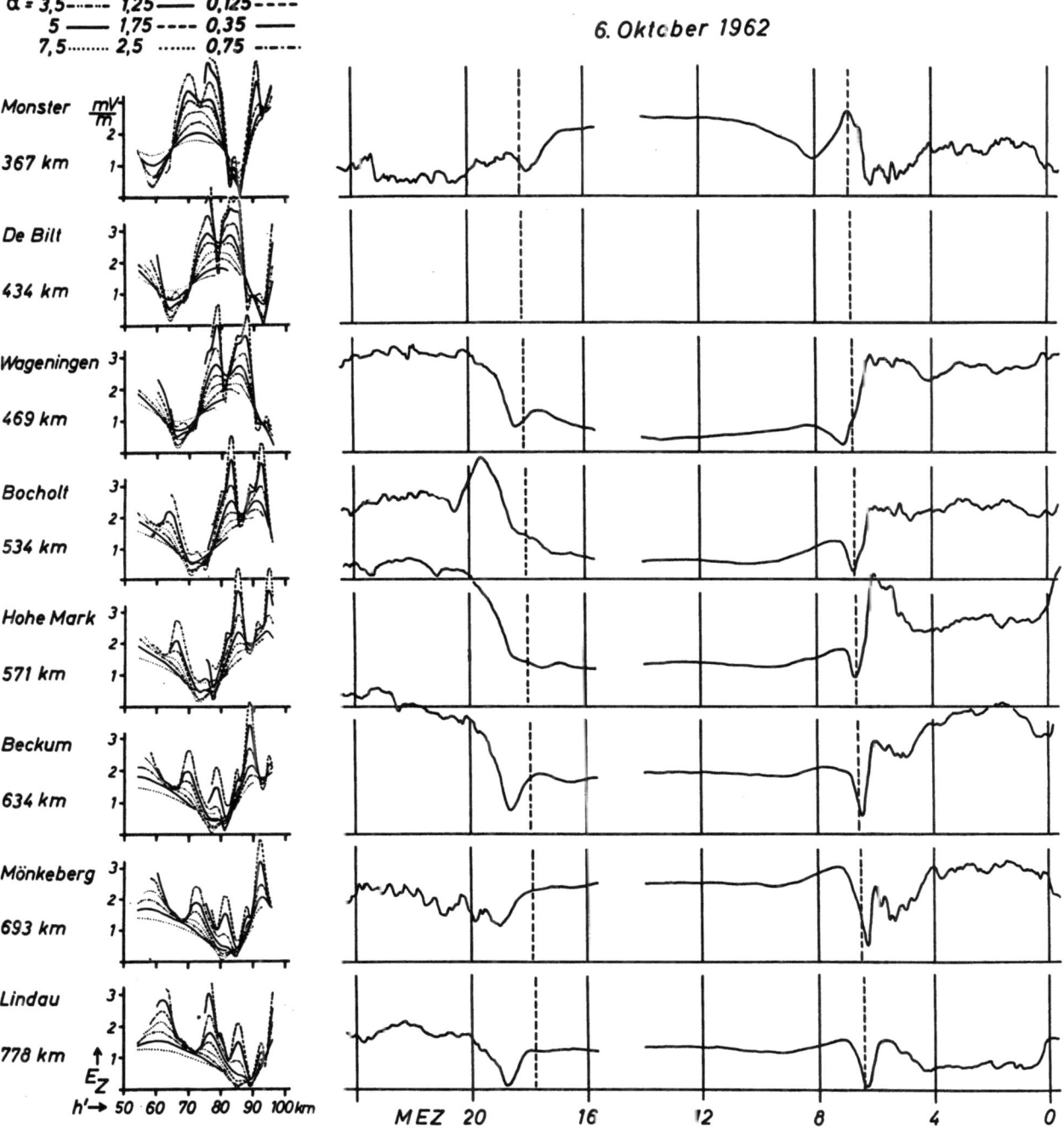

Abb. 11 : Gleichzeitige Feldstärkeregistrierungen während eines Oktobertages in 7 verschiedenen Entfernungen (vgl. Abb. 1 !) Links davon zum Vergleich gerechnete Feldstärken als Funktion von h ' für verschiedene α -Parameter und dieselben Entfernungen.

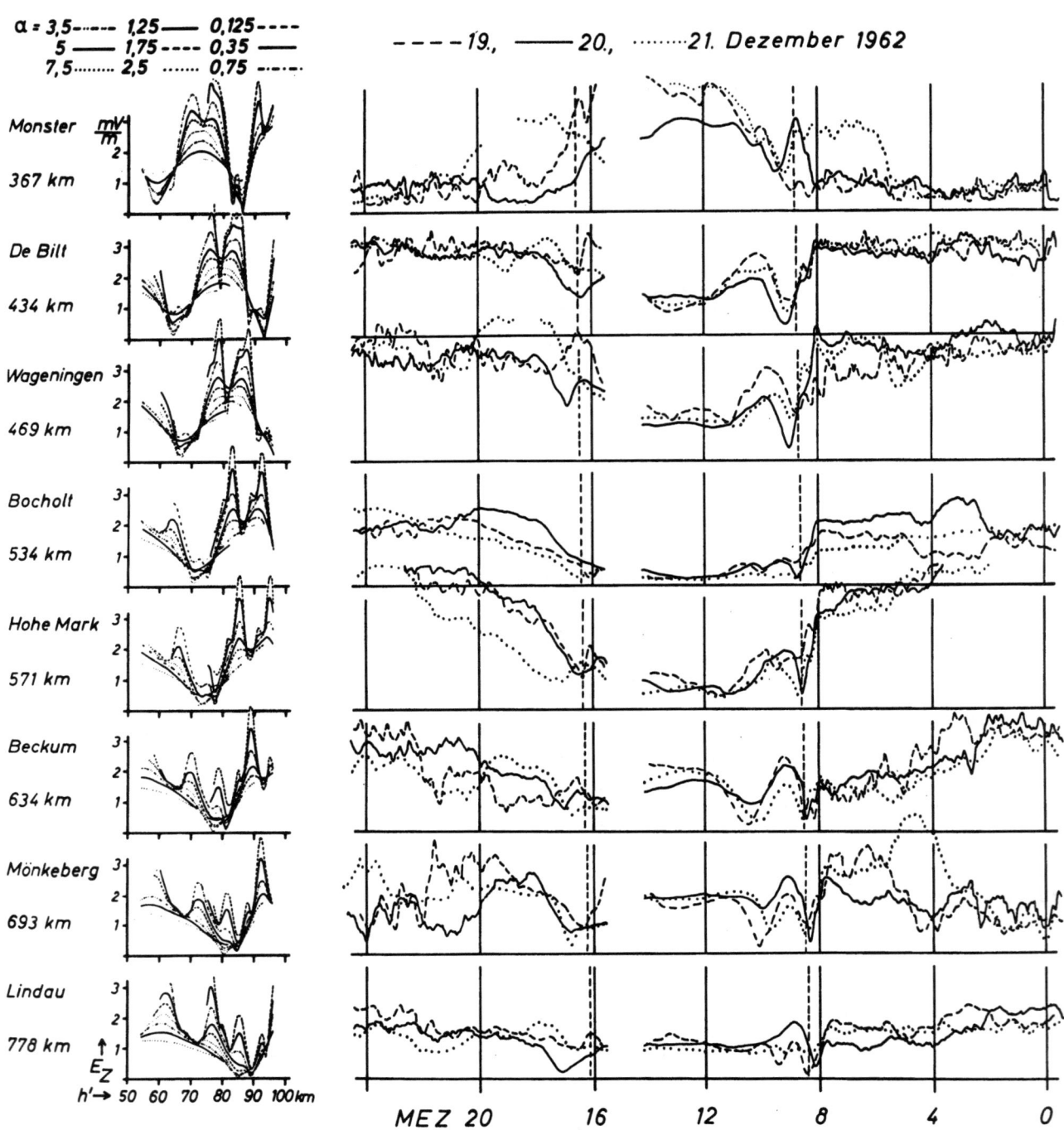

Abb. 12 : Feldstärkeregistrierungen an 8 Stationen während dreier aufeinanderfolgender Dezembertage, wie in Abb. 11 mit Berechnungen verglichen.

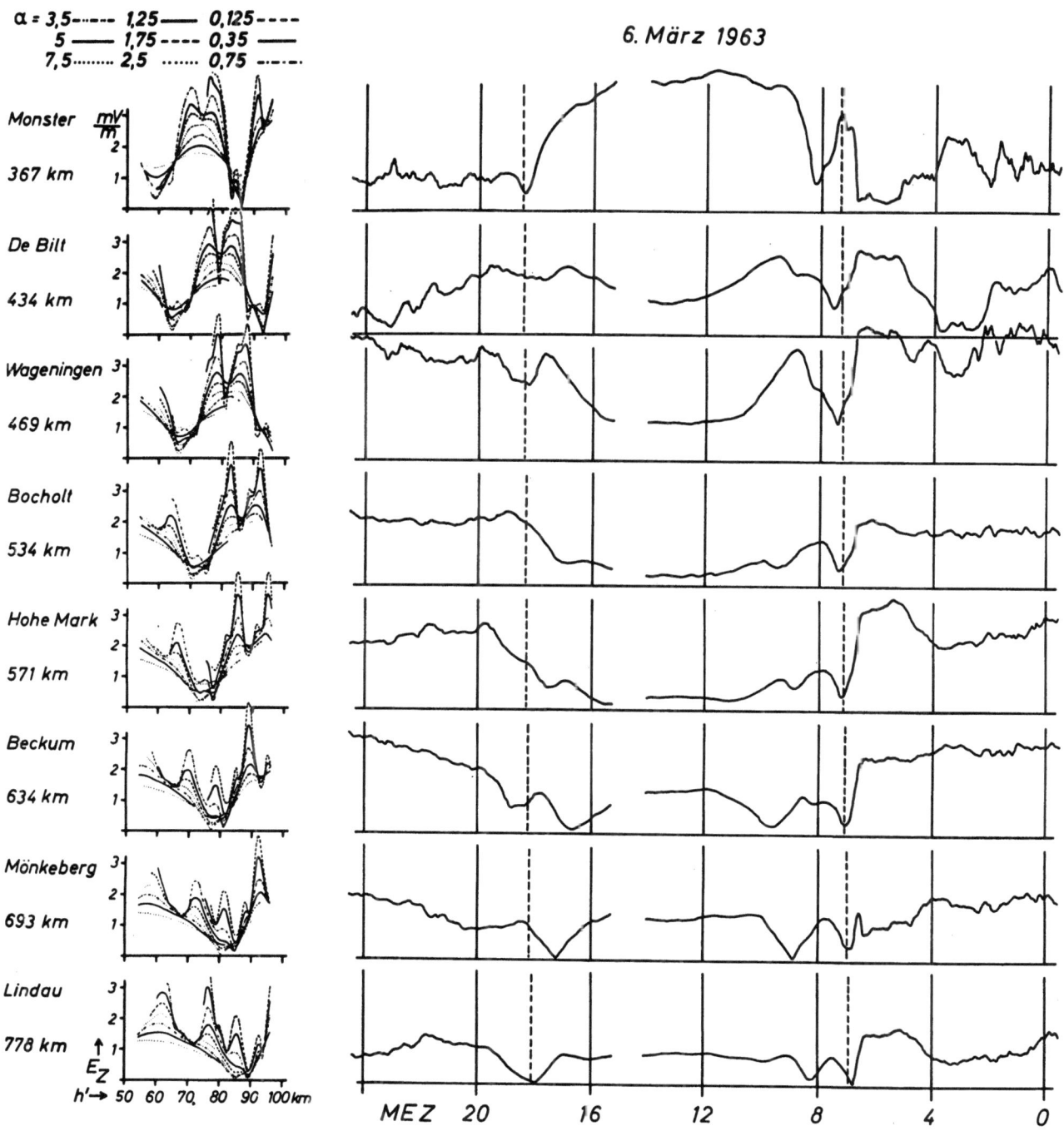

Abb.13 : Dasselbe wie in Abb. 12, für einen Märztag.

5.2

5.22 Dämmerungseffekte

Der Sonnenaufgangseffekt wird normalerweise an allen Stationen von Lindau bis De Bilt mit einem Feldstärkeabfall eingeleitet, in Monster dagegen durch einen steilen Feldstärkeanstieg. Danach durchläuft die Feldstärke von Lindau bis De Bilt ein Minimum, in Monster ein Maximum. Der Durchlauf des Feldstärkeminimums durch die Stationen Lindau bis De Bilt erfolgt deutlich langsamer als der Durchlauf des Sonnenaufganges.

Im Oktober, wenn man in Lindau noch regelmäßig Sonnenaufgänge vom "Sommertyp" sieht, folgt an den Stationen Lindau bis Wageningen dem Minimum ein flaches Maximum, in Monster dem Maximum ein mehr oder weniger flaches Minimum (De Bilt wurde leider erst vom 23. Oktober an betrieben, als die normalen Oktober-Verhältnisse durch Kernwaffenversuche bereits vorzeitig verändert worden waren [siehe FRISIUS et al. l.c.]).

Danach gehen die Feldstärken in die nur wenig veränderlichen Tageswerte über.

Beobachtet man in Lindau einen Sonnenaufgangseffekt vom "Wintertyp" (z.B. 6. März 1963, Abb. 13), so kann man das sekundäre Minimum auch noch in Mönkeberg und Beckum, bisweilen auch in Hohe Mark gut erkennen. Das Zwischenmaximum zeigt in Beckum eine Einsattelung, welche man auch in Hohe Mark und Bocholt wiederfindet. Die beiden Sonnenaufgangstypen unterscheiden sich in Wageningen im wesentlichen dadurch, daß das sekundäre Maximum beim Wintertyp viel höher ist als beim Sommertyp. In Monster dagegen ist beim Wintertyp das sekundäre Minimum viel tiefer als beim Sommertyp.

Ein ausgeprägtes Sonnenuntergangsminimum findet man mit einiger Regelmäßigkeit in Lindau, Mönkeberg und Beckum, bei den übrigen kann man eher von einem allmählichen Übergang in die Nachtwerte mit einem mehr oder weniger deutlich überlagerten Minimum oder Maximum sprechen. Das Abendminimum ist in Lindau, Mönkeberg und Beckum im Sommer deutlich etwa 1 bis 1,5 Std. nach Sonnenuntergang. Im Winter wird das Abendminimum in Lindau und gelegentlich in Mönkeberg breit und verwaschen, sein Beginn verlagert sich auf kurze Zeit vor Sonnenuntergang. Eine Aufspaltung des Abendminimums sieht man häufig in Beckum und gelegentlich in Mönkeberg, wo es (im Winter !) vielfach etwa eine Stunde vor Sonnenuntergang schon zu einem ausgeprägten Minimum kommt. Das darauffolgende zweite Minimum ist dann häufig weniger ausgeprägt, in Mönkeberg gelegentlich gar nicht mehr erkennbar. Man sieht keine Andeutung dafür, daß der Typ des Sonnenaufgangseffektes mit dem des Sonnenuntergangseffektes am gleichen Tag irgendwie zusammenhängt.

5.23 Sonneneruptionseffekte

Schließlich zeigen wir noch in Abb. 14 zwei Analoga zur Abb. 2: den Effekt zweier solarer Ausbrüche auf die 16 kHz-Ausbreitung.

Am 7. November 1962 war das Tagesminimum vor dem Ausbruch offensichtlich zwischen Hohe Mark (571 km) und Bocholt (534 km).

Unter dem Einfluß des Ausbruches bewegte es sich dann auf den Sender zu. Die sendernahen Stationen De Bilt (434 km) und Wageningen (469 km) zeigen deutlich einen Abfall (Monster, 367 km, zeigte leider fast durchgehend Vollausschlag), Hohe Mark (571 km), Beckum (634 km) und Lindau (778 km) einen Anstieg, Mönkeberg (693 km) dagegen fast keine Änderung. Wir schließen, daß der Anstieg der Feldstärke-Entfernungskurve zwischen Hohe Mark und Lindau nicht monoton verläuft, sondern bei Mönkeberg eine Einsattelung mit horizontaler Tangente haben muß.

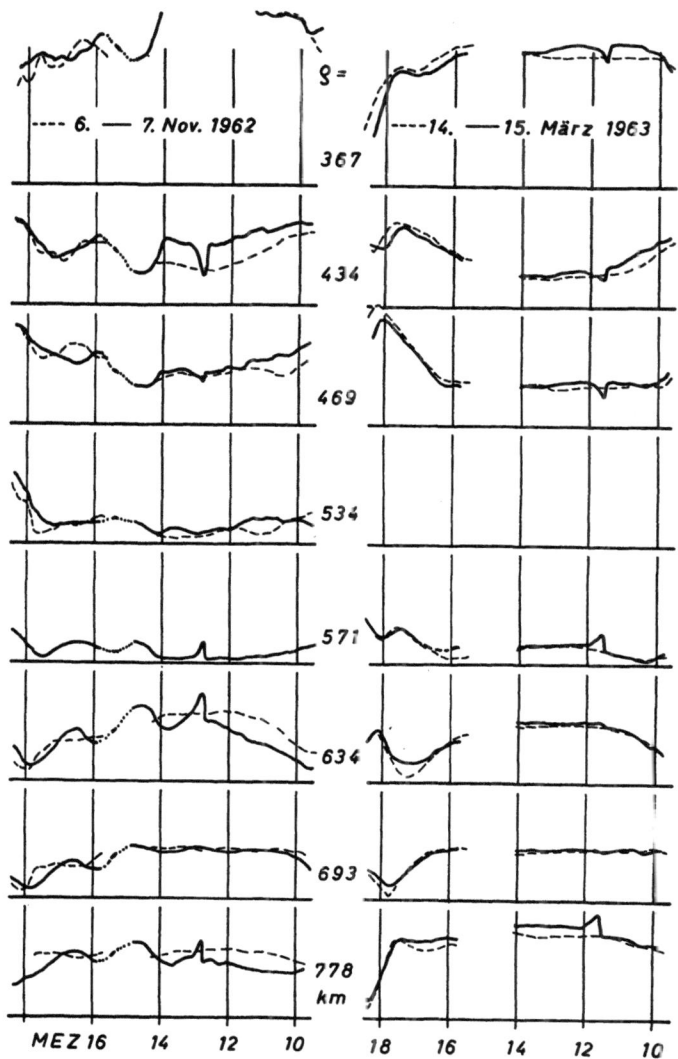

Abb. 14 : Auswirkung zweier solar-flare-Effekte auf die Feldstärke in verschiedenen Entfernungen.

Genau das gleiche können wir aus den Registrierungen vom 15.3.63 schließen. Das Minimum vor dem Effekt lag bei Bocholt (534 km), die Einsattelung erstreckte sich über Beckum (634 km) und Mönkeberg (693 km).

Dieses Bild zeigt schlagend, wie stark Längstwelleneffekte von der Entfernung abhängen, wie unzuverlässig also ein einzelner Empfänger als "Eruptionsindikator" ist. Auch ist es sinnlos, eine Feldstärkeerhöhung in Lindau als "Dämpfungsabnahme" oder "Verbesserung der Ausbreitungsbedingungen" anzusprechen, denn ein Beobachter in De Bilt würde dann ja mit gleichem Recht die gleichen Erscheinungen als "Dämpfungszunahme" oder "Verschlechterung der Ausbreitungsbedingungen" bezeichnen können. Ein Beobachter in Mönkeberg schließlich hätte von beidem nichts gemerkt.

Es erscheint aussichtslos, allein durch Betrachtung der Registrierungen zu einer brauchbaren Übersicht über die Vielfalt von Erscheinungen zu gelangen. Man muß vielmehr versuchen, die Zusammenhänge zwischen den Registrierungen an den verschiedenen Stationen durch Bestimmung der am besten passenden Modellparameter zu klären.

6. Methoden der Parameterbestimmung

Wir werden 3 Methoden der Parameterbestimmung diskutieren :

1. Vergleich von gerechneten und gemessenen Feldstärke-Entfernungskurven (im folgenden kurz "E(ϱ)-Kurven").

2. Vergleich der Registrierungen an den einzelnen Stationen mit theoretischen Feldstärkekurven, die für jede Station und eine Reihe von α-Parametern als Funktion der äquivalenten Höhe h' berechnet wurden ("E(h')-Kurven").

3. Bestimmung der Ausbreitungsparameter α und h' für Nacht und Mittag aus den Verhältnissen der Mittagsfeldstärken zu den Nachtfeldstärken, welche den Registrierungen an jeder Station direkt entnommen werden können. Dieses Verfahren bezeichnen wir aus Gründen, die später deutlich werden, als "Pegelflächenmethode"

Mit Hilfe der Methoden 1. und 2. gelang es, den Bereich der beiden Ausbreitungsparameter für Tages- und Nachtverhältnisse einzugrenzen (Abschn. 6.1 und 6.2) und die Deutung einiger Züge des Sonnenaufgangseffektes zu finden (Abschn. 6.3). Die Pegelflächenmethode ist ein Iterationsverfahren, mit dessen Hilfe die zweite Methode zu einer direkten Bestimmung der Modellparameter für mittägliche und nächtliche Ausbreitungsbedingungen verschärft wird (Abschn. 6.4).

6.1 Vergleich zwischen gemessenen und gerechneten E(ϱ)-Kurven

Wie bereits in Abschn. 5.1 erwähnt, wurde die Registrierung an jeder Station am Anfang und am Ende unseres Versuches je einmal für mindestens 24 Stunden mit der Registrierung einer beweglichen Empfangsanlage verglichen. Damit konnten die Skalen der verschiedenen Schreiber in eine einheitliche, allerdings nicht absolute, Skala umgerechnet werden. Auf diese Weise können wir für jeden beliebigen Zeitpunkt der Laufzeit unseres Versuches bis zu 8 Punkte der E(ϱ)-Kurve im Entfernungsbereich 367 bis 778 km angeben. Um die zeitlichen Änderungen dieser Kurve studieren zu können, sind über 5000 solcher Auswertungen gezeichnet worden. Eine umfangreiche Auswahl davon findet sich in dem bereits mehrfach erwähnten Bericht von STRATMANN [1964].

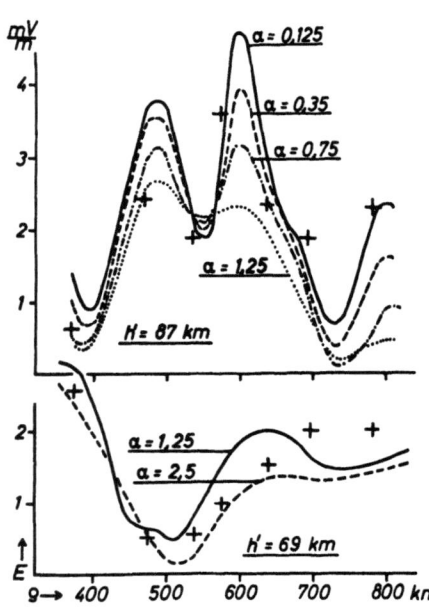

Abb.15 : Vergleich zwischen gerechneten und gemessenen E(ϱ)-kurven. Die Kreuze bezeichnen die gemessenen Feldstärken in willkürlichen Einheiten am 6. Oktober 1962 0600 MEZ (Nachtausbreitung, oben) und 1000 MEZ (Tagesausbreitung, unten).

Ein erstes Beispiel zeigt Abb. 15. Sieben Punkte der gemessenen E(ϱ)-Kurve am 6. Oktober 1962, 0600 und 1000 MEZ, sind hier durch Kreuze wiedergegeben. Die 0600-Auswertung ist typisch für die Nacht (oberer Teil von Abb. 15), die 1000-Auswertung für den Tag. Wir finden für den Tag eine Kurve, die sehr gut mit den Ergebnissen früherer Autoren übereinstimmt (Abschn. 4.). Wie die zum Vergleich eingezeichneten theoretischen Kurven zeigen, kann man mit α etwa gleich 2 und h' ungefähr 69 km die gemessene Kurve einigermaßen darstellen.

Der Versuch, in der gleichen Weise eine theoretische Kurve für die Nachtausbreitung zu finden, gelang jedoch zunächst nicht. Erst nachdem der α-Wert weit niedriger angenommen wurde, als es zunächst auf Grund von VOLLANDs Reflexionsfaktorberechnungen für nächtliche D-Schicht-Modelle [VOLLAND, 1963, s. Abschn. 3.5] vermutet worden war, gelangen einigermaßen befriedigende Nachbildungen der gemessenen Nachtkurven. Graphisch durchgeführte Testrechnungen ergaben Kurven, welche das Zwischenminimum bei Bocholt (534 km), das sehr hohe Maximum bei Hohe Mark (571 km) und schließlich ein weiteres Zwischenmaximum bei Lindau (778 km) aufweisen. Der obere Teil von Abb. 15 zeigt, daß α kleiner als 0,35 anzunehmen ist, bei einem h'-Wert von 87 km, der sich gut in die - freilich weit streuenden - früheren Ergebnisse (Abschn. 4.) einfügt.

Wenn dieses Ergebnis richtig ist, dann ist auf überraschend einfache Weise geklärt, warum z.B. HARGREAVES und ROBERTS [1962] kein Parameterpaar für die Nachtausbreitung fanden. Der von diesen Autoren gewählte Parameterbereich erstreckte sich von schwacher Reflexion, der mit α etwa gleich 3 gut darstellbar ist, zu stark metallischer Reflexion, für die die Schrägeinfallsnäherung ja nicht gut zu brauchen ist (Abschn. 3.53).

Der aus Abb. 15 geschlossene kleine α-Wert zeigt dagegen, daß die Reflexion nachts von stark dielektrischem Typ sein muß. Ein α-Wert von 0,3 ergibt sich zum Beispiel für eine Ersatzionosphäre mit einem DK-Imaginärteil etwa 1 und einem Realteil von etwa -5 ! Da hieraus ein h von etwa 5 km folgt, müßte für h' = 87 km die Begrenzungshöhe zu h = 92 km angesetzt werden. Wie in Abschn. 4. berichtet, taucht auch diese Angabe bei früheren Autoren auf.

Die Annahme stark dielektrischer Reflexion, zu der wir auf diese Weise gelangt sind, scheint sich jedoch von den Ansätzen der vorhergehenden Arbeiten nicht unwesentlich zu unterscheiden. Sie wird in den folgenden Abschnitten geprüft werden.

6.2 Vergleich zwischen Registrierungen und gerechneten E(h')-Kurven

Um die soeben aufgestellte Behauptung zuverlässig nachprüfen zu können, wurde eine neue Feldberechnung durchgeführt. Für jede Station wurde die empfangene Feldstärke als Funktion der äquivalenten Höhe h' berechnet. h' wurde in Schritten zu je 1 km zwischen 54 und 96 km geändert, der Parameter α in 9 Schritten zwischen 0,125 und 7,5. Um Einsicht in den Anteil jeder einzelnen reflektierten Welle zu bekommen, wurden alle diese Berechnungen von Hand durchgeführt. Dabei wurden, auch für den kleinsten α-Wert (0,125) und für die größte Entfernung (Lindau, 778 km) höchstens 4 Reflektierte berücksichtigt. (Die Genauigkeit dieser Rechnung wurde später für Lindau noch einmal durch eine Vergleichsrechnung mit der IBM 650 geprüft. Das Programm sah eine Genauigkeit von 2% vor. Hierfür benötigte es, bei α = 0,125, zwischen 8 und 15 Reflexionen. Das Ergebnis jedoch wich nur in den sehr schmalen Höhenbereichen der Kurvenminima etwas mehr als 10% von den graphisch gerechneten Kurven ab. Diese Bemerkung mag von praktischem Nutzen sein für diejenigen, welche an anderer Stelle, ohne über eine elektronische Rechenmaschine zu verfügen, ähnliche Versuche durchführen möchten.)

Die Ergebnisse sind in den Abb. 11 bis 13, links von den Registrierbeispielen, wiedergegeben.

Die Lage der h'-Bereiche, in denen die theoretischen E(h')-Kurven Maxima oder Minima haben, hängt nur von der Entfernung ab, die Feldstärkedifferenzen zwischen den Maxima und Minima nur von α. Alle Kurvencharakteristika verschieben sich mit zunehmender Entfernung zu größeren Höhen. Für kleine α-Werte spalten Maxima und Minima auf, genauso wie bei den E(ρ)-Kurven der Abb. 7.

Wir betrachten zunächst den 6. Oktober 1962 (Abb. 11). Daraus, daß mittags offensichtlich in der Nähe von Wageningen ein Minimum ist, schließen wir durch Vergleich mit den theoretischen Kurven, daß h' im Bereich 65 bis 72 km liegen muß. Im gleichen Höhenbereich ist die Feldstärke in Lindau nur ziemlich wenig von h' und α abhängig, da hier alle Lindauer E(h')-Kurven dicht beieinander und mehr oder weniger parallel zur h'-Achse verlaufen. Vor Sonnenaufgang (gegen 0530 MEZ) haben wir deutlich sehr geringe Feldstärke in Monster. Das deutet auf die Höhenbereiche 55 bis 63 km oder 82 bis 88 km. Der erstere scheidet aus, weil Mönkeberg dann mindestens ebensohohe Feldstärke wie am Tage haben müßte. Daß Mönkeberg stattdessen einen erheblich niedrigeren Feldstärkepegel hat, zeigt, daß nur der Höhenbereich 82 - 88 km in Frage kommt. Nun folgt schließlich der niedere α-Wert daraus, daß Lindau gegen 0530 MEZ eine der Tagesfeldstärke vergleichbare Nachtfeldstärke hat. Das kann man nur mit dem Zwischenmaximum der Lindau-E(h')-Kurven mit einem α-Wert von höchstens 0,35 bei h' = 85 km erklären.

Nehmen wir z.B. an, zwischen 0400 und 0530 MEZ sei h' bei einem α-Wert von höchstens 0,3 von 88 auf 85 km abgesunken. Dann folgt aus den theoretischen Kurven :

6.3

Anstieg in Lindau

Abfall in Mönkeberg und Beckum

Anstieg in Hohe Mark

Geringe Änderungen in Bocholt, weil dort ein Zwischenminimum, in Wageningen, weil dort ein Maximum in den angegebenen Höhenbereich fällt

Abfall in Monster.

Gerade das zeigen qualitativ die Registrierungen. Genauso kann man sich auch die Feldstärkeänderungen am 6. März 1963 (Abb. 13) zwischen 0300 und 0600 MEZ klarmachen. Besonders deutlich ist die Verlagerung des Minimumus von De Bilt nach Monster, wie sie einer Höhenänderung von ca. 90 km auf ca. 85 km entspricht, mit dem dafür von den Berechnungen vorausgesagten rapiden Feldstärkeanstieg in De Bilt.

Die Dezembernächte 1962 sind durch die niedrigen Feldstärken in Beckum charakterisiert. Die Annahme, daß h' etwa 82 km sei, erklärt die hier zu beobachtende Kombination von hohen und niederen Ausschlägen gut.

Schließlich bemerken wir noch, daß das Mittagsminimum in den gezeigten Beispielen Abb. 12 und 13 bei Bocholt liegt, was auf einen h'-Bereich zwischen 70 und 76 km schließen läßt. Am 7. November 1962 (Abb. 14) finden wir vor dem Eruptionseffekt in Hohe Mark einen derart geringen Ausschlag, daß wir h' auf den Bereich 72 bis 75 km eingrenzen können. Das Ansteigen der Tagesreflexionshöhen im Winter können wir also den Abbildungen 11 bis 14 direkt ansehen.

Abschätzungen über den Tageswert von α sind auf diese Weise schwer anzustellen. Der Effekt vom 7. November jedoch gestattet auch einen Schluß auf α. Nimmt man nämlich an, daß der Effekt im wesentlichen auf einer Änderung von h' bei nahezu konstantem α beruhe [VOLLAND, 1959, 1960], so muß die E (h')-Kurve von Mönkeberg im Bereich von etwa 70 bis 75 km eine nahezu horizontale Tangente haben. Das ist der Fall für α etwa gleich 2.

6.3 Untersuchung eines Sonnenaufgangseffektes

Die Vorgänge bei den Dämmerungseffekten erwiesen sich als äußerst schwierig übersehbar. Als Beispiel hierfür bringen wir die Untersuchung des Sonnenaufgangs am 10. Okt. 1962, bei der beide bisher skizzierten Methoden herangezogen wurden. Abb. 16 zeigt die Sonnenaufgangsregistrierungen dieses Tages an 5 ausgewählten Stationen. Links daneben sind wieder für jede Station und für einige α-Parameter die gerechneten E (h')-Kurven gezeichnet. (Der besseren Übersichtlichkeit halber ist in Abb. 16 eine ältere Zeichnung wiedergegeben, welche auf den in Abschn. 6.1 erwähnten ersten Testrechnungen beruht. Sie ist in Einzelheiten nicht so genau wie die in Abb. 11 bis 13 links gezeichneten Kurvenscharen, zeigt aber das Wesentliche mit größerer Deutlichkeit.) Alle Schlußfolgerungen, die im vorigen Abschnitt 6.2 über die Tag- und Nachtausbreitung am 6. Oktober gezogen wurden, lassen sich an Hand von Abb. 16 für den 10. Oktober wiederholen. Wieder ist die Zeit des Sonnenaufganges am Boden für jede Station durch eine gestrichelte Gerade markiert.

Die Feldstärkeeffekte dauern auf der ganzen Empfängerkette viel länger an, nämlich etwa 1,5 bis 2 Stunden, als die Zeit, welche der Sonnenaufgang am Boden benötigt, um von der östlichsten Station (Lindau, 778 km) zu der westlichsten (Monster, 367 km) zu gelangen, nämlich 24 min. Daher versuchen wir - als eine erste Näherung - für den Sonnenaufgangseffekt eine Beschreibung zu finden, bei der sich die Ausbreitungsparameter für unsere Meßstrecke gleichzeitig einheitlich ändern. Eine solche Näherung scheint uns mehr Aussicht auf Erfolg zu bieten als die Erklärung des Sonnenaufganges mit Hilfe der Beugung an der Schattengrenze, denn auch das erste Feldstärkeminimum, welches an allen Stationen bis

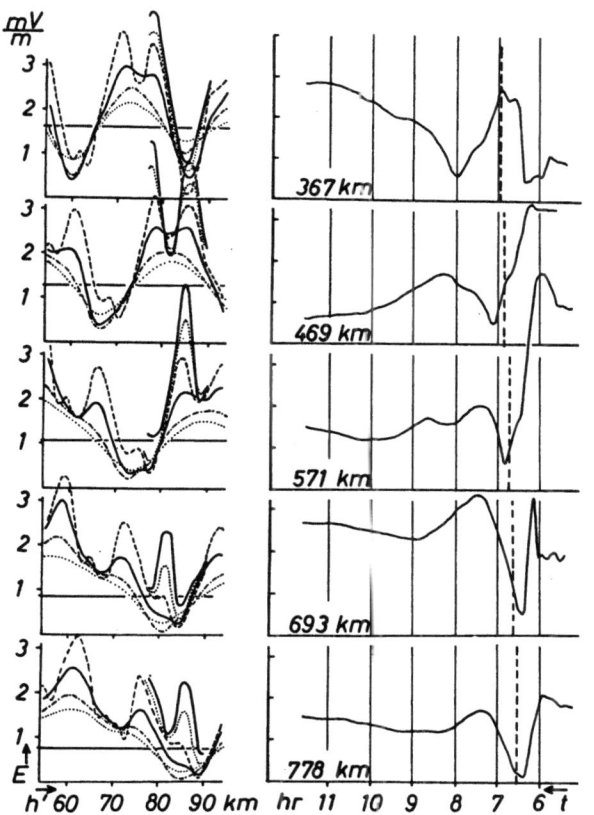

Abb. 16 : Sonnenaufgangseffekt vom 10. Oktober 1962 an 5 Stationen (rechts), verglichen mit berechneten E (h')-kurven (links)
α = 4.5 : ············ α = 3.0 : —·—·—·—·—
α = 1.5 : —————— α = 0.75 : ----------
Zusätzlich berechnet für h' zwischen 78 und 90 km:
α = 0.35 : ·········· α = 0.125 : ——————

Wageningen regelmäßig den Effekt einleitet, läuft deutlich langsamer über die Meßstrecke hinweg als die Schattengrenze.

Die einfachste Erklärung, die der Vergleich zwischen Rechnung und Registrierungen anbietet, ist eine plötzlich einsetzende rasche Abnahme von h', die mit einem wenig später beginnenden raschen Anstieg von α verbunden ist. Hierfür gibt die Registrierung in Mönkeberg (693 km) den drastischsten Hinweis. Der anfängliche Anstieg ist durch eine von etwa 86 km ausgehende Höhenabnahme zu erklären, wobei zunächst α kleiner als etwa 0,3 bleibt. Wenn h' etwa bei 84 km angelangt ist, springt während eines Zeitraumes von etwa 5 min. α auf den 6- bis 10-fachen Wert, was in Mönkeberg einen rapiden Feldstärkeabfall zur Folge hat. Danach verursacht das ständig weitere Absinken von h', nunmehr bei größerem α, einen Feldstärkeanstieg. Der Abfall von h' kann direkt von dem Durchlauf des Feldstärkeminimums durch die Stationen abgelesen werden. h' erreicht ein Minimum von etwa 60 km zu einem Zeitpunkt, der durch das Minimum in Monster angezeigt wird, und nähert sich dann von unten her dem Tageswert von etwa 70 km.

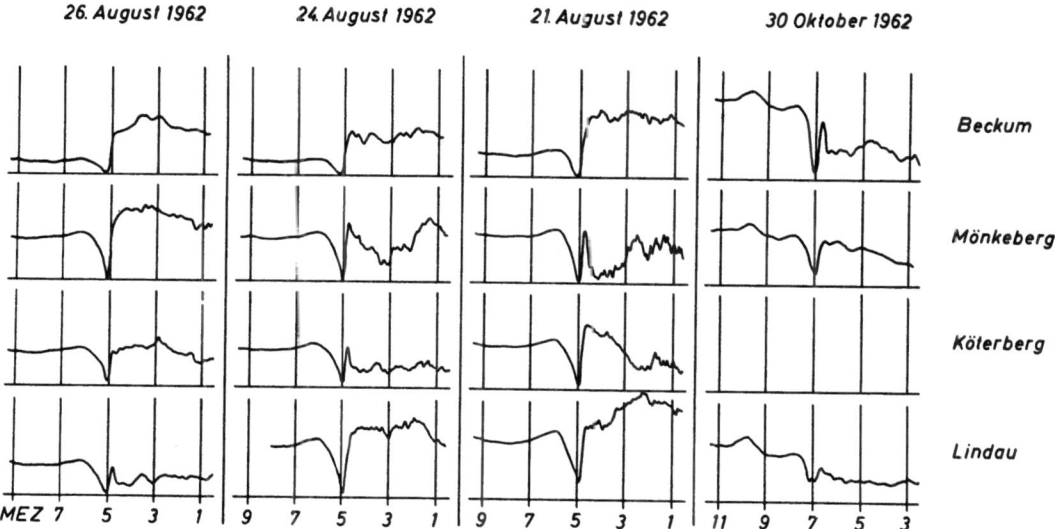

Abb. 17 :   Die "Mönkeberg-Spitze", in verschiedenen Entfernungen beobachtet.

6.3   - 34 -

Ein sehr ähnliches Verhalten der Reflexionshöhe ist zuvor bereits von HARGREAVES [1962] vorgeschlagen worden, jedoch enthält jene Arbeit keine Angaben über die Zeitabhängigkeit des Reflexionsfaktors.

Die charakteristische Feldstärkespitze in Mönkeberg, welche uns zu unserer Deutung führte, ist in der überwiegenden Mehrzahl der Fälle an eben dieser Station zu finden. Jedoch gibt es Tage, an denen sie zu anderen Stationen verschoben erscheint. Beispiele zeigt Abb. 17. Am 26. August 1962 z.B. sah man die Spitze in Lindau. Ein Blick auf die theoretischen E(h')-Kurven, Abb. 11 bis 13, zeigt uns, daß sie sich ähnlich erklären läßt wie sonst die für Mönkeberg, nur ist die Anfangshöhe jetzt im Bereich 87 bis 90 km anzunehmen. Am 24. August war sie ausgeprägt in Köterberg, einer nur kurzzeitig zu Anfang des Versuches betriebenen Station zwischen Mönkeberg und Lindau, für die keine Berechnungen durchgeführt sind. Am 21. August war sie, wie meistens, in Mönkeberg zu finden, schließlich, unter sehr gestörten Verhältnissen, am 30. Oktober in Beckum. Aus den theoretischen Kurven sehen wir, daß die nächtliche Reflexionshöhe zu dieser Zeit zwischen 81 und 84 km gelegen haben muß.

Alle bisherigen Aussagen waren qualitativer Natur. Einen ersten Versuch, zu quantitativen Aussagen zu gelangen, zeigt Abb. 18. Hier wurden die nach Abschn. 6.1 bestimmten E(ϱ)-Kurven für

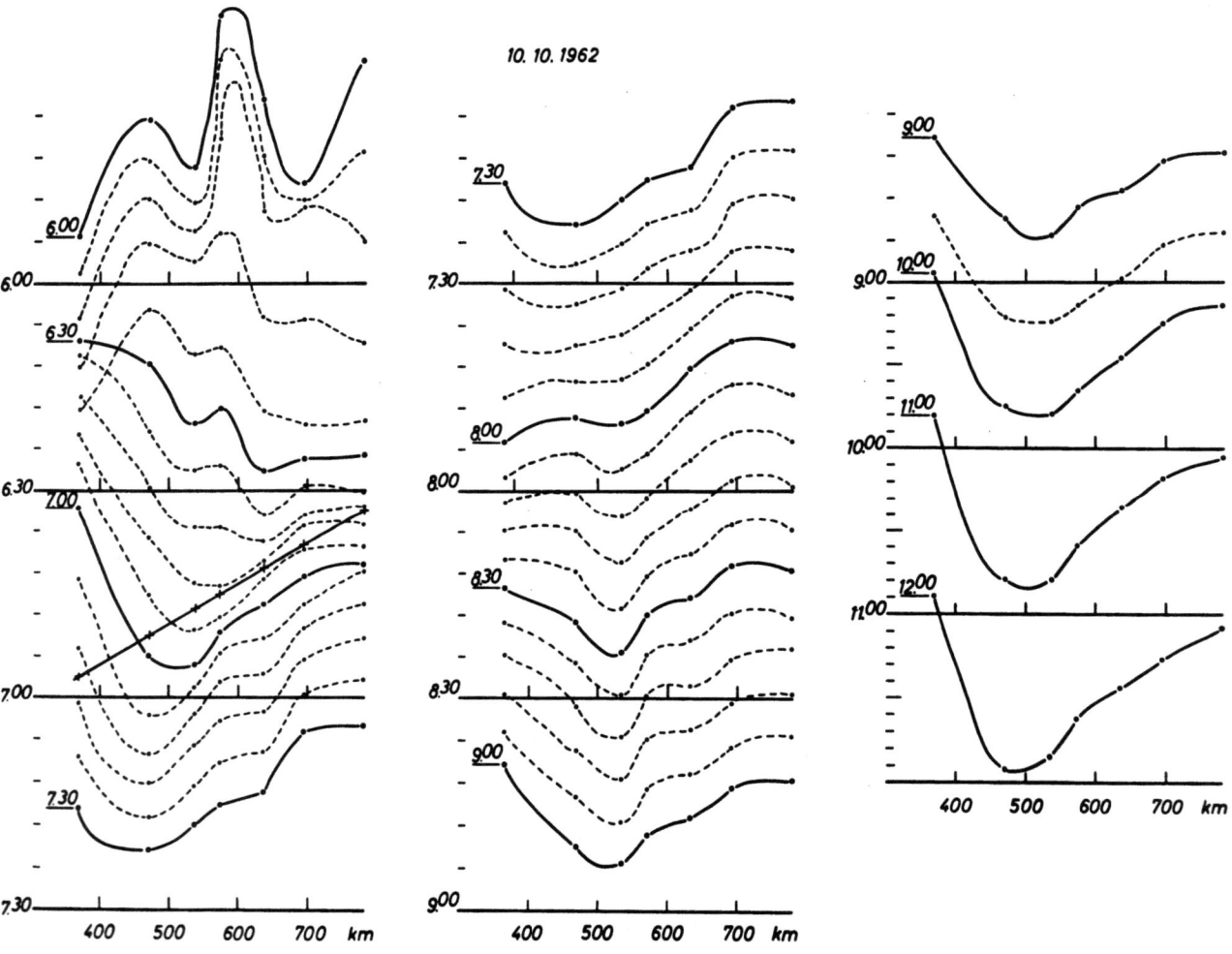

Abb. 18 : Übergang von der Nachtausbreitung zur Tagesausbreitung am 10. Oktober 1962, dargestellt durch die zeitliche Änderung der gemessenen E(ϱ)-kurven.

den 10. Oktober 1962 zwischen 0600 und 0900 MEZ in Abständen von 6 min. ermittelt und untereinander aufgetragen (die Kreuze markieren die Sonnenaufgangszeiten am Erdboden für die verschiedenen Stationen). So kann man die Entwicklung der Tages- aus der Nachtkurve, ähnlich einem Film, verfolgen. Es zeigt sich, daß während der ersten Stunde (etwa während des Durchlaufs des Feldstärkeminimums durch die Stationen Lindau bis Wageningen) Feldstärkekurven auftreten, die mit dem eben beschriebenen Verhalten von h' und α gut verträglich sind (man vergleiche die experimentellen Kurven der Abb. 18 zwischen 0600 und 0624 MEZ mit den gerechneten in Abb. 15, oberer Teil, die für 0700 MEZ in Abb. 18 mit den gerechneten in Abb. 15, unterer Teil). Dann aber folgt ein Zeitraum von etwa 1,5 Stunden, für den es sehr schwer ist, theoretische Kurven zu finden, welche zu den gemessenen passen.

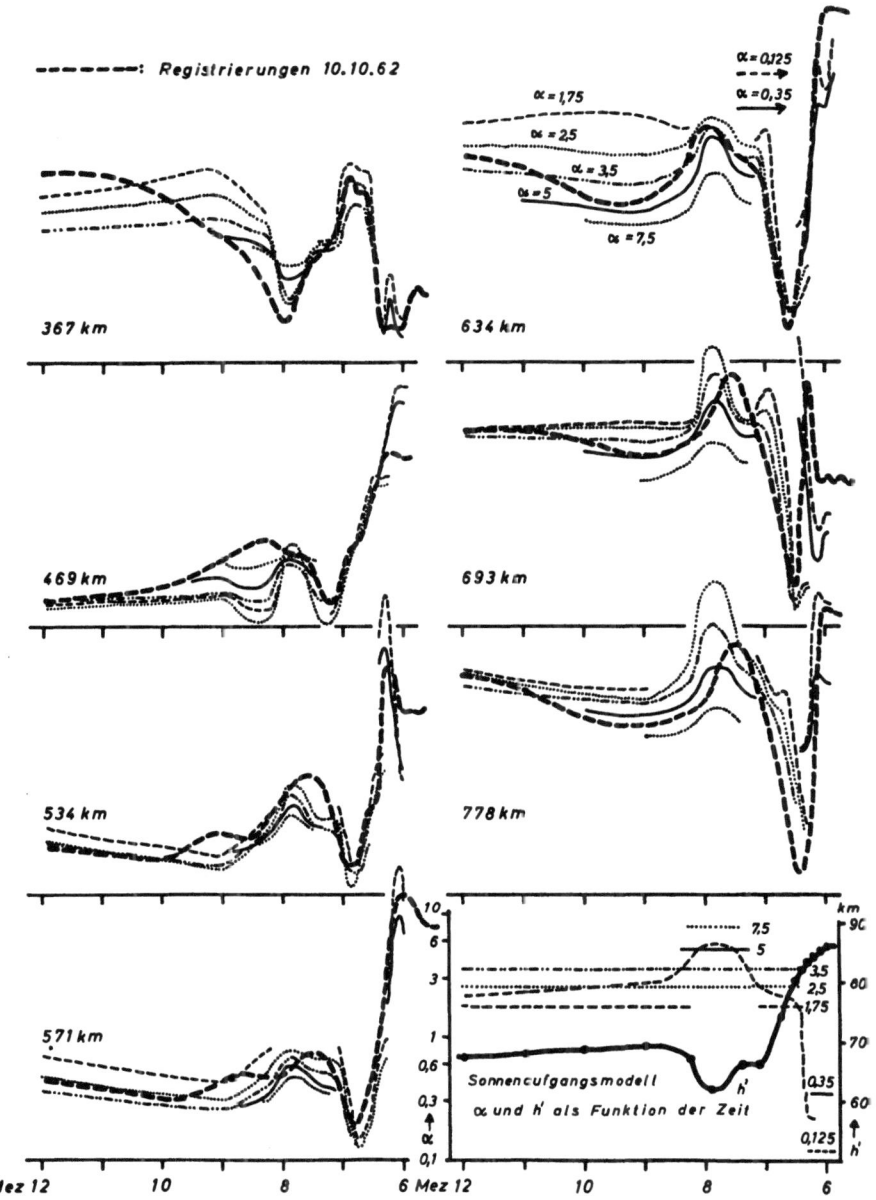

Abb. 19 : h' und α als Funktion der Zeit während des Sonnenaufganges am 10. Oktober 1962. Vergleich zwischen berechneten und gemessenen Feldstärkeverläufen.

6.3

Die gemessenen E(ϱ)-Kurven weichen von den gerechneten in ähnlicher Art ab, wie diejenigen für Modellionosphären mit großem DK-Imaginärteil von denen für die zugeordnete Schrägeinfallsnäherung (Abb. 9, links unten). Das ist ein Hinweis darauf, daß nach dem Sonnenaufgang für mindestens eine Stunde Elektronendichteprofile auftreten, denen man eine Ersatzionosphäre mit großem DK-Imaginärteil zuordnen muß. Es liegt auf der Hand, daß dann die Bestimmung von h' und α mühsam und mit großer Unsicherheit behaftet ist.

Nur unter diesem Vorbehalt kann in Abb. 19 eine Darstellung der zeitlichen Variation der Ausbreitungsbedingungen gegeben werden. Rechts unten ist die aus Abb. 18 bestimmte Zeitabhängigkeit von h' und α eingetragen. Der Unsicherheit dieser Bestimmung wurde durch die Angabe weiter Fehlergrenzen für α Rechnung getragen. Zur Kontrolle wurde für jede Station der Feldstärkeverlauf berechnet, welcher sich aus der zuerst bestimmten zeitlichen Variation von h' für jede Station ergibt. Hierbei wurden für α jeweils mehrere Werte innerhalb der weiten Fehlergrenzen angesetzt. Auf diese Weise entstanden Kurvenscharen, in die sich die gemessenen Feldstärkeverläufe (dicke gestrichelte Kurven) einigermaßen einpassen ließen. Es ist daher anzunehmen, daß unser Bild vom Sonnenaufgangseffekt der Wirklichkeit ziemlich nahe kommt.

In Abb. 20 ist, genauso wie in Abb. 18, ein Sonnenaufgang dargestellt, der in Lindau vom "Wintertyp" ist. Die Feldstärkeregistrierungen an diesem Tage, dem 11. März 1963, sehen zwischen 0600 und 1200 MEZ denen vom 6. März in Abb. 13 so ähnlich, daß sie nicht extra abgebildet zu werden brauchen.

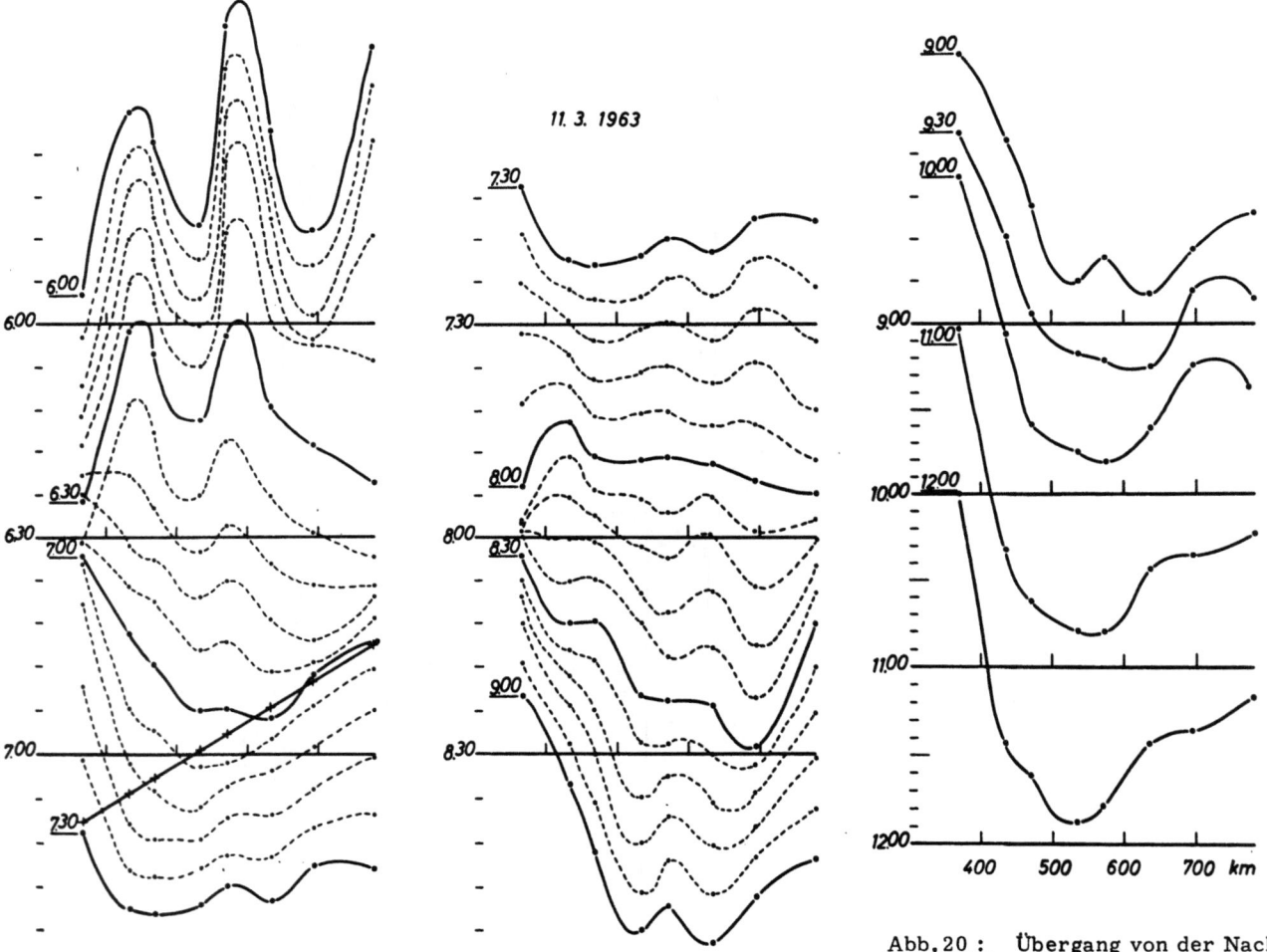

Abb. 20: Übergang von der Nachtausbreitung zur Tagesausbreitung am 11. März 1963.

Die Änderungen der E(ϱ)-Kurve haben zwischen 0600 und 0700 MEZ, also in der ersten Phase des Sonnenaufganges, große Ähnlichkeit mit denen am 10. Oktober 1962. Zwischen 0715 und 0830 MEZ jedoch, insbesondere gegen 0800 MEZ, finden wir gemessene Kurven, für die es keine auch nur ähnlichen gerechneten Kurven gibt, und zwar auch nicht unter den Kurven für alle 3 Parameter der Ersatzionosphäre (Abb. 10).

Es ist zu vermuten, daß für diesen Zeitraum das Konzept einer Ersatzionosphäre überhaupt versagt. Experimentelle E(ϱ)-Kurven wie die 0800 MEZ Kurve in Abb. 20 lassen vermuten, daß sie durch das Zusammenwirken partieller Reflexionen an mindestens zwei übereinanderliegenden Schichten zustandekommen [BRACEWELL und BAIN, 1952]. Die Prüfung dieser Annahme erfordert einen enormen Rechenaufwand, der im Rahmen dieser Arbeit nicht zu bewältigen war. Wir müssen daher die endgültige Erklärung aller Einzelheiten der Sonnenaufgangs-Registrierungen einer späteren Arbeit überlassen.

Die gemessenen Kurven jedoch für die Nacht und für den Mittag (d.i. etwa die Zeit zwischen zwei Stunden nach Sonnenaufgang und vor Sonnenuntergang) zeigen mit gerechneten so viel Ähnlichkeit, daß es lohnt, nach einer genaueren Parameterbestimmung für die Nacht und für den Mittag zu suchen.

6.4 Die Pegelflächenmethode

6.41 Diskussion der zuvor beschriebenen Methoden

Der Vergleich zwischen gemessenen und gerechneten E(ϱ)-Kurven hat folgende Nachteile:

1. Er ist sehr von der Genauigkeit abhängig, mit der die Empfindlichkeiten der verschiedenen Empfangsstationen verglichen werden können. Diese kann nicht sehr groß sein, da die Empfindlichkeiten sowohl der fest stationierten Empfänger als auch der beweglichen Empfangsanlage, mit der der Vergleich durchgeführt wurde, gewissen Umgebungseinflüssen ausgesetzt waren, deren Auswirkung wir nicht genau kennen (Bäume, Gebäude, Erdungsverhältnisse, Witterung, u.a.).

2. Die Auswahl an gerechneten Kurven ist groß; das Herausfinden der zu einer gemessenen am besten passenden dementsprechend mühsam und subjektiven Einflüssen unterworfen.

3. Die gleichen Schwierigkeiten tauchen auf, wenn man die Ungenauigkeit angeben möchte, mit der ein nach dieser Methode ermitteltes Wertepaar h' und α behaftet ist.

Der Vergleich zwischen Registrierungen und gerechneten E(h')-Kurven kann bestenfalls Abschätzungen ergeben, weil prinzipiell zu jeder an einer Station gemessenen Feldstärkeänderung unendlich viele Änderungen des Parameterpaares h' und α gefunden werden können, welche alle die gleiche Feldstärkeänderung zur Folge haben. Will man Abschätzungen wie in Abschn. 6.2 zu genaueren Parameterbestimmungen weitertreiben, so gerät man leicht in uferloses Probieren.

Dieses zu vermeiden, ist der Vorteil der im folgenden beschriebenen Methode.

6.42 Formulierung der Aufgabe

Wir suchen die Modellparameter für zwei Zeitpunkte, nämlich einen vor

Sonnenaufgang : h'_N, α_N

einen gegen Mittag : h'_D, α_D .

Durch die Änderung der Parameter h' und α ändert sich der Feldstärkepegel χ an einer Station in der Entfernung ϱ_{st} vom Sender

$$\chi(\varrho_{st}, h', \alpha) = 20_{10}\log \frac{E(\varrho_{st}, h', \alpha)}{E_G} = 20_{10}\log(1+2\sum_{M=1}^{\infty} \sin^3 \vartheta_M \, \widetilde{R}_I^M \, e^{ik(\varrho - r_M)})$$

$$\text{um } \Delta\chi(\varrho_{st}) = 20_{10}\log \frac{E(\varrho_{st}, h'_N, \alpha_N)}{E(\varrho_{st}, h'_D, \alpha_D)} \quad ,$$

wobei $E(\varrho_{st}, h', \alpha)$ = empfangene Feldstärke

$E_G = \dfrac{600 \text{ V}}{\varrho_{st}} \sqrt{\dfrac{\overline{W}s}{1kW}}$ = Feldstärke der Bodenwelle

$\overline{W}s$ = ausgestrahlte Senderleistung

$r_M = \sqrt{\varrho_{st}^2 + (2Mh')^2}$ = Laufweg der M-fach reflektierten Welle

ϑ_M = Einfallswinkel der M-fach reflektierten Welle

$\widetilde{R}_I = -e^{-\alpha \cos \vartheta_M}$ = ionosphärischer Reflexionsfaktor

$k = \dfrac{2\pi}{\lambda} = \dfrac{\omega}{c}$ = Wellenzahl .

$\Delta\chi(\varrho_{st})$, die Pegeldifferenz zwischen den Tages- und Nachtfeldstärken an den verschiedenen Stationen, gemessen in dB, ist den Registrierungen direkt zu entnehmen. Damit ist ein Gleichungssystem für die 4 Unbekannten h'_N, α_N, h'_D, α_D gegeben. Da dem Verfasser hierfür kein numerisches Lösungsverfahren bekannt ist, wurde die im folgenden beschriebene graphische Methode entwickelt.

6.43 Vorbereitung der Lösung : die Pegellinienkarten

Zunächst ist die Feldstärke für jede Station und für eine ausreichende Anzahl von α-Parameter-Werten als Funktion von h' zu berechnen, wie es bereits zu Anfang von Abschn. 6.2 beschrieben ist. Die Feldstärkeachse ist in dB einzuteilen, wobei die Bodenwellenfeldstärke als 0 dB bezeichnet wird.

Die linke Hälfte von Abb. 21 zeigt 2 Beispiele. Jede an einer bestimmten Station empfangene Feldstärke kann nun unendlich viele Wertepaare h' und α als Ursache haben. Trägt man alle diese Wertepaare in einer Ebene, die von einer h'- und einer α-Achse aufgespannt wird, als Punkte ein, so verbinden sich diese Punkte zu einer Linie, die wir, nach dem Pegel der dazugehörigen Feldstärke, als "Pegellinie" bezeichnen.

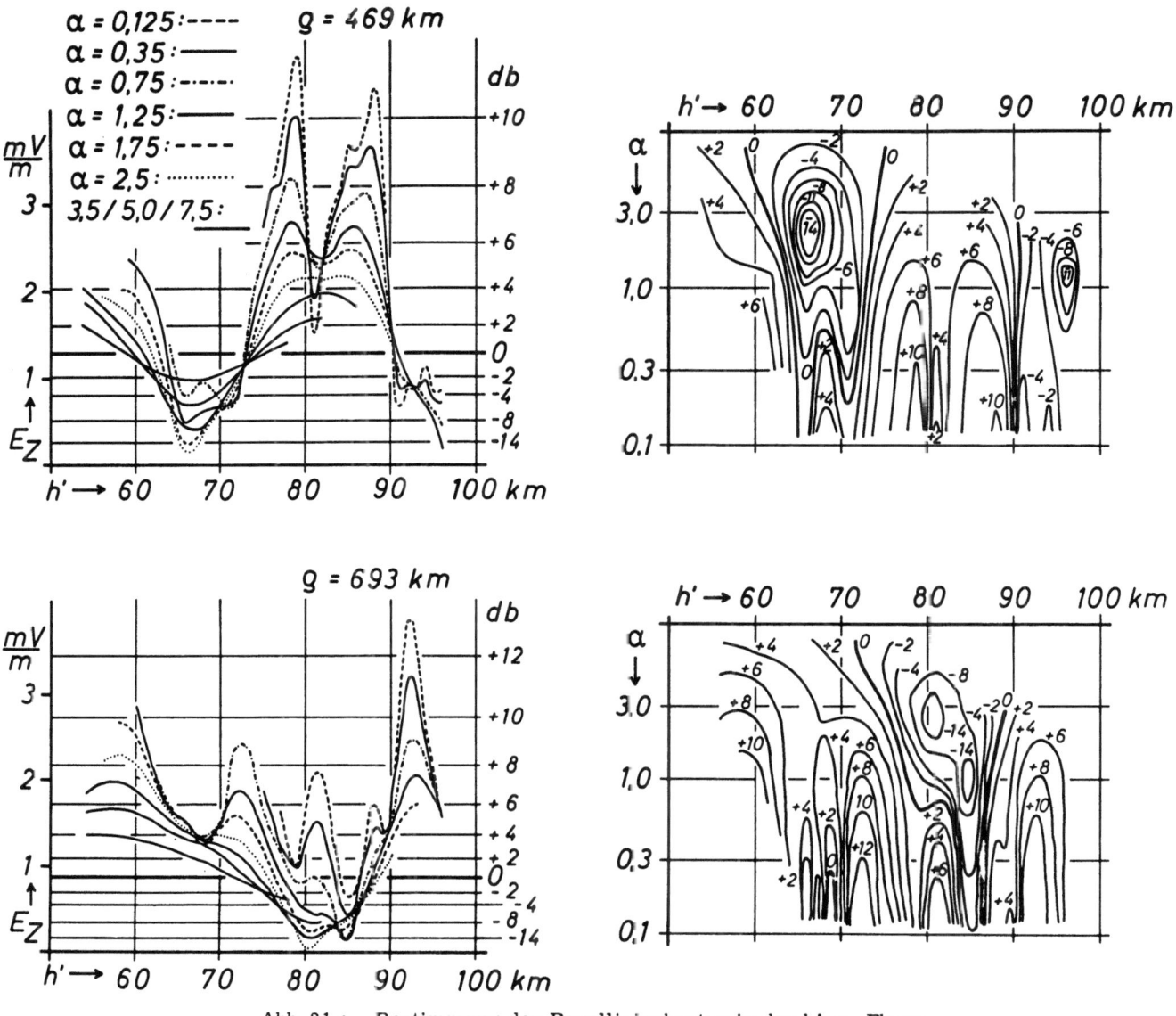

Abb. 21 : Bestimmung der Pegellinienkarten in der h'-α-Ebene.

Für jede gerechnete Empfangsfeldstärke, deren Pegel um eine ganze Zahl von dB über oder unter dem der Bodenwelle liegt, ist die zugehörige Pegellinie in der h'-α-Ebene zu zeichnen. Es genügt hierbei, sich auf die Pegel von -14 bis +12 dB zu beschränken. Auf diese Weise erhält man für jede Station eine sogenannte "Pegellinienkarte", welche die Grundlage der weiteren Auswertung darstellt. Abb. 21 zeigt rechts zwei (unwesentlich vereinfachte) Beispiele solcher Pegellinienkarten. Wenn die abgestrahlte Senderleistung bekannt und die Feldstärke in absoluten Einheiten gemessen wäre, so könnte man jeder gemessenen Feldstärke eine Pegellinie, also eine schon stark eingeschränkte Mannigfaltigkeit möglicher h' - und α-Werte zuordnen.

Zwei oder drei weitere Absolutmessungen in geeigneten anderen Entfernungen würden dann, zusammen mit den dazugehörigen Pegellinienkarten, eine eindeutige Ermittlung des Modells ermöglichen.

Leider ist uns eine solche absolute Messung nicht möglich gewesen. Wir können den Registrierungen mit einiger Sicherheit nur Pegeldifferenzen entnehmen. Darüber, welcher Pegel einem gemessenen Schreiberausschlag entspricht, sind wir auf Vermutungen angewiesen.

6.4   - 40 -

6.44 Berechnungen eines Beispieles

Den weiteren Verlauf der Parameterbestimmung erläutern wir am Beispiel des 10. Oktober 1962. Die Parameter sind gesucht für 0600 MEZ und 1300 MEZ. Daß gegen 0600 MEZ noch nächtliche Ausbreitungsbedingungen herrschten, kann man den zuvor nach Abschn. 6.1 bestimmten $E(\varrho)$-Kurven entnehmen.

1. Schritt : Die Pegeldifferenzen zwischen Tag- und Nachtfeldstärken, $\Delta\chi(\varrho_{st})$, werden für jede Station aus den Registrierungen bestimmt.

Hierbei ist zu beachten, daß durch Nullpunktsfehler und große Zeitkonstanten bei der Einstellung kleiner Ausschläge [STRATMANN, 1964] niedrige Feldstärken nicht sehr genau bestimmt werden konnten. Um dem Rechnung zu tragen, wurde bei allen folgenden Schlüssen ein Fehler für $\Delta\chi$ berücksichtigt, der mit dem Betrage von $\Delta\chi$ anwächst. Für $|\Delta\chi|$ bis zu 10 dB wurde der Fehler zu $\pm 0,5$ dB angenommen, für $|\Delta\chi|$ bis zu 16 dB zu ± 1 dB, für $|\Delta\chi|$ bis zu 22 dB ± 2 dB, für noch größere $|\Delta\chi|$ ± 3 dB und ggf. mehr. Es liegt auf der Hand, daß hierdurch die mögliche Genauigkeit der Parameterbestimmung sehr beeinträchtigt wurde. Die $\Delta\chi$-Werte für den 10. Oktober 1962 stehen in der 3. Spalte von Tabelle 2.

Tabelle 2

10. Oktober 1962

Station	ϱ_{st} (km)	$\Delta\chi$	$\chi_{D_{max}}$	$\chi_{D_{min}}$	$\chi_{N_{max}}$	$\chi_{N_{min}}$	$\chi_{N_{max}}$	$\chi_{N_{min}}$	$\chi_{D_{max}}$	$\chi_{D_{min}}$
Monster	367	-12,5	+ 8	-3	- 3,5	-16,5	- 3,5	-16,5	+ 8	- 3
Wageningen	469	+16	- 4	-	+14	-	+11	+ 8	- 6	-10
Bocholt	534	+ 9,5	+ 6,5	-	+17	-	+ 7	- 1	- 3	-11
Hohe Mark	571	+10,5	+ 9	-8	+20,5	+ 1,5	+12	+ 5	+ 2	- 6
Beckum	634	+ 5	+11	+0,5	+16,5	+ 5	+ 9	+ 5,5	+ 4,5	+ 1
Mönkeberg	693	- 3	+10	+2,5	+ 7,5	- 1	+ 4	- 1	+ 7	+ 2,5
Lindau	778	+ 2	+10	+3,5	+12,5	+ 5	+12,5	+ 5	+10	+ 3,5

2. Schritt : Man sucht diejenige Station heraus, deren Ausschlag gegen Mittag die geringste Feldstärke anzuzeigen scheint und schätzt für deren Pegel eine obere Grenze ab.

Am 6. Oktober z.B. und ebenso am 10. Oktober (Abb. 11 und 16) hat offensichtlich Wageningen die niedrigste Tagesfeldstärke. Wir schätzen den zugehörigen Pegel auf höchstens -4 dB, m.a.W., daß die Feldstärke höchstens das 0,6-fache der Bodenwellenfeldstärke betrage. Dies ist sicherlich keine übermäßig kühne Vermutung, wie ein Blick auf Abb. 16 zeigt. Die gerechneten Bodenwellenfeldstärken sind dort in den theoretischen $E(h')$-Kurvenscharen durch waagerechte Geraden markiert.

Diese Schätzung bedeutet, daß das Modell h'_D, α_D für die Mittagszeit innerhalb desjenigen Gebietes der h'-α-Ebene liegen muß, welches von der Pegellinie -4 dB der Pegellinienkarte für Wageningen begrenzt wird. Abb. 22a zeigt diesen Bereich der h'-α-Ebene als schraffierte Fläche.

3. Schritt : Die Berandung des Bereiches wird in die Pegellinienkarte aller anderen Stationen projiziert und für jede der höchste und der niedrigste Pegel $\chi_{D_{max}}$ und $\chi_{D_{min}}$ bestimmt, dessen Pegellinie den Bereich schneidet.

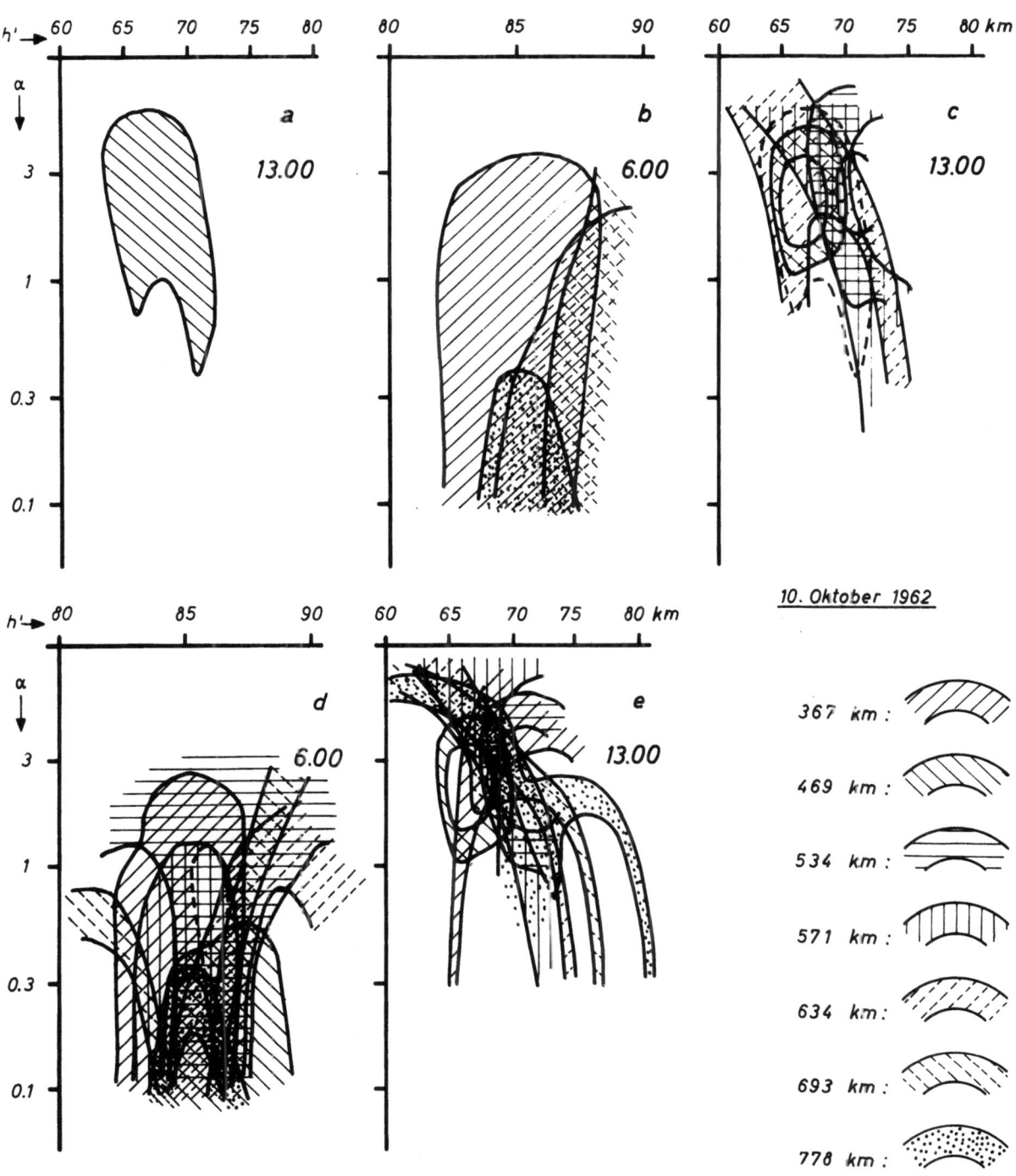

Abb. 22: Bestimmung der Modellparameter für nächtliche und mittägliche Ausbreitungsbedingungen aus relativen, in mehreren Entfernungen gemessenen Feldstärkeänderungen.

Für das Beispiel 10. Oktober finden wir diese Grenz-Pegelwerte in den Spalten 4 und 5 der Tabelle.

Auf diese Weise folgt aus der Abschätzung des maximalen Mittagspegels für Wageningen ein Bereich von möglichen Pegelwerten für jede andere Station.

6.4

4. Schritt : Aus den maximal und minimal möglichen Mittags-Pegelwerten folgt für jede Station ein maximal und minimal möglicher Pegelwert für die Nachtfeldstärke jeder Station durch Addition der gemessenen $\Delta\chi$-Werte :

$$\chi_{N_{max}} = \chi_{D_{max}} + \Delta\chi \quad , \quad \chi_{N_{min}} = \chi_{D_{min}} + \Delta\chi$$

(Tabelle 2, Spalte 6 und 7).

Eine Fläche der $h'-\alpha$-Ebene, welche von den Pegellinien eines maximal und minimal möglichen Pegels begrenzt wird, nennen wir im folgenden "Pegelfläche". Um die verschiedenen Pegelflächen, welche sich für einen Zeitpunkt aus den Maximal- und Minimalpegeln der einzelnen Stationen ergeben, unterscheiden zu können, sind in Abb. 22 verschiedenartige Schraffuren verwendet. Es ist klar, daß das Modell für einen bestimmten Zeitpunkt in demjenigen Bereich der $h'-\alpha$-Ebene liegen muß, welcher allen Pegelflächen für den gleichen Zeitpunkt gemeinsam ist. Eine solche Fläche nennen wir den "Pegelflächendurchschnitt".

In Abb. 22b sind die Pegelflächen für den 10. Oktober 1962 0600 MEZ gezeichnet, welche sich für Monster, Beckum, Mönkeberg und Lindau ergeben. (Die in dieser ersten Näherung gewonnenen Pegelflächen der 3 restlichen Stationen erstrecken sich noch über den ganzen hier berücksichtigten Bereich der $h'-\alpha$-Ebene.) Es ergibt sich ein überraschend kleiner Pegelflächendurchschnitt, welcher h'-Werte von 86 bis 87,5 km und α-Werte kleiner als 0,3 überdeckt. Das paßt ausgezeichnet zu unserer ersten überschlägigen Bestimmung in Abschn. 6.1. Angesichts der sehr vorsichtigen Anfangsvermutung (Schritt 2) über den Bereich des Tagesmodells dürfen wir damit die Annahme niedriger α-Werte für die Nachtausbreitung als bewiesen ansehen.

5. Schritt : Die Berandung des im vorigen Schritt bestimmten Pegelflächendurchschnittes wird in die Pegellinienkarte aller übrigen Stationen projiziert, und wiederum für jede der höchste und niedrigste Pegel, $\chi_{N_{max}}$ und $\chi_{N_{min}}$, bestimmt, dessen Pegellinie den Pegelflächendurchschnitt schneidet. Dadurch ergibt sich für jede Station eine neue Einengung des Bereiches von möglichen Pegelwerten für die Nachtfeldstärke. Im Beispiel der Tabelle 2 stehen die eingeengten Grenzpegel in der 8. und 9. Spalte.

6. Schritt : Aus den eingeengten Grenzen für die möglichen Nachtpegel ergeben sich eingeengte Grenzen für die möglichen Tagespegel, indem von den Nachtpegelwerten die gemessenen Pegeldifferenzen subtrahiert werden (Tabelle 2, Spalte 10 und 11). Welche Fehler für $\Delta\chi$ dabei diesmal berücksichtigt werden müssen, hängt von der Genauigkeit ab, mit der die Verlagerung eines Grenzpegels im vorhergehenden Schritt festgestellt werden konnte. Das wiederum hängt sehr von der Pegelliniendichte ab, die in jeder Karte stark schwankt, ferner von der Genauigkeit, mit der der Verlauf der einzelnen Pegellinien ermittelt werden konnte, was in gewissen Bereichen der Karten durchaus nicht einfach war.

Die von den so bestimmten Grenzpegellinien berandeten Pegelflächen für das Tagesmodell sind in die $h'-\alpha$-Ebene einzuzeichnen, wie es Abb. 22c zeigt. Auch hier ergibt sich ein Pegelflächendurchschnitt, welcher erheblich kleiner ist als die Ausgangsfläche in Abb. 22a (in Abb. 22c gestrichelt angedeutet), welche die Anfangsschätzung von Schritt 2 darstellt.

Dieser Pegelflächendurchschnitt kann als Ausgangsfläche genommen werden, um die Schritte 3 bis 6 zu wiederholen. Die auf diese Weise erhaltene weitere Einengung der Pegelflächendurchschnitte für die Nacht und den Tag zeigt Abb. 22 d und e. Durch weitere Wiederholungen des Zyklus die Bereiche noch enger einzugrenzen, hat der bereits erwähnten Meß- und Rechenfehler wegen keinen Sinn.

6.45 Fehlergrenzen und Erweiterungsmöglichkeiten

Das Ergebnis unserer Beispielberechnung zeigt Abb. 23. Zur Angabe von h' und α wird der Mittelpunkt der - zumeist rhombusähnlich geformten - zuletzt gewonnenen Pegelflächendurchschnitte herangezogen, als Fehler wird deren äußerste Ausdehnung in h'- bzw. α-Richtung angegeben. In Abb. 23 ist gezeigt, wie sich diese Fehler auf die E(ϱ)-Kurven auswirken. Die innerhalb der Fehlergrenzen möglichen theoretischen E(ϱ)-Kurven erfüllen die schraffiert gezeichneten Flächen. Zum Vergleich sind die entsprechend Abschn. 6.1 gemessenen Kurven mit eingetragen. Die vermutlichen Ursachen für die offensichtlich auf Eichfehler zurückzuführenden Abweichungen (besonders bei Wageningen) wurden bereits unter 6.41 aufgezählt. Angesichts des überaus geringen technischen Aufwandes, mit dem unser Versuch durchgeführt wurde - im Gegensatz etwa zu Flugzeugmessungen [HERITAGE, 1957] - können wir jedoch mit der erreichten Übereinstimmung recht zufrieden sein und die von STRATMANN [1964] angegebenen experimentellen E(ϱ)-Kurven durchaus zur Charakterisierung von Längstwellen-Ausbreitungsbedingungen heranziehen. Noch einmal sei ausdrücklich hervorgehoben, daß es STRATMANNs Kurven waren, denen unsere erste, nunmehr bewiesene Schätzung des nächtlichen h - und α-Wertes entnommen wurde. Lediglich der jetzt gefundene α-Wert für die Tagesausbreitung weicht von dem in Abschn. 6.1 geschätzten merklich ab. Die Schwierigkeit, Anhaltspunkte für eine Abschätzung dieses Wertes zu finden, war ja am Ende von Abschn. 6.2 betont worden.

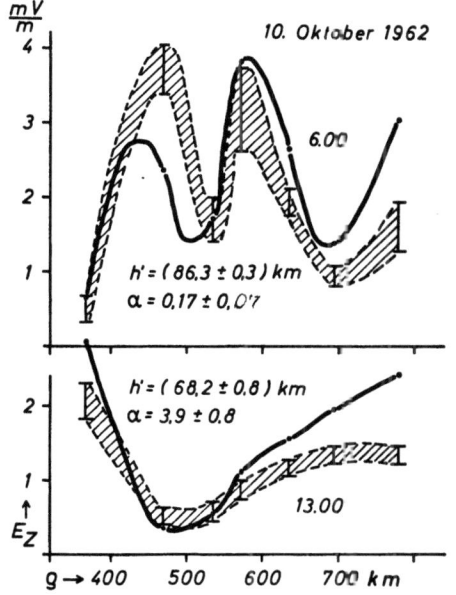

Abb. 23 : Ergebnis der Modellparameterbestimmung vom 10. Oktober 1962, 0600 und 1300 MEZ. Vergleich der gemessenen E(ϱ)-kurve (Punkte und stark ausgezogene Verbindungslinien) mit den unter Berücksichtigung der Fehlergrenzen aus den in Abb. 22 ermittelten Modellparametern berechneten Kurven (Schraffierte Flächen)

Die Vorzüge unseres Verfahrens gegenüber denen von Abschn. 6.1 und 6.2 liegen auf der Hand:

1. Es ist unabhängig von Empfängereichungen und trägt damit u.a. der Tatsache Rechnung, daß es unter den mit Längstwellen befaßten Instituten nur sehr wenige gibt, die Ihre Messungen untereinander koordinieren.

2. Der Arbeitsaufwand, der nötig ist, um zu Modellparametern zu gelangen ist zwar immer noch groß, aber abzusehen.

3. Man hat eine vernünftige Grundlage für Fehlerangaben und kann den Einfluß von Meßfehlern auf die Genauigkeit der Parameterbestimmung direkt abschätzen.

4. Man kann es leicht in der Nachbarschaft irgendeines anderen Senders wiederholen.

5. An Stelle von h' und α können ohne Änderung der Rechenmethode (Schritt 3 bis 6 in Abschn. 6.44) andere Parameterpaare gewählt werden, welche der inhomogenen Struktur der tiefen Ionosphäre Rechnung tragen, z.B. VOLLANDs N_m und z_m [VOLLAND, 1963, 1964 a, b, c].

Auf diese Weise ist es denkbar, Längstwellenmessungen auf verschiedenen Frequenzen miteinander vergleichbar zu machen und somit eine einfache Möglichkeit zu erschließen, die Untergrenze der Ionosphäre weltweit zu beobachten. Hierzu jedoch scheint noch erhebliche theoretische Vorarbeit nötig zu sein. Unter den inhomogenen D-Schicht-Modellen, für die in theoretischen Arbeiten der Reflexionsfaktor berechnet worden ist (Abschn. 3.51), konnte der Verfasser keines finden, welches den ganzen Bereich von h' - und α-Werten ergab, den wir hier für die 16 kHz-Ausbreitung ermittelt haben.

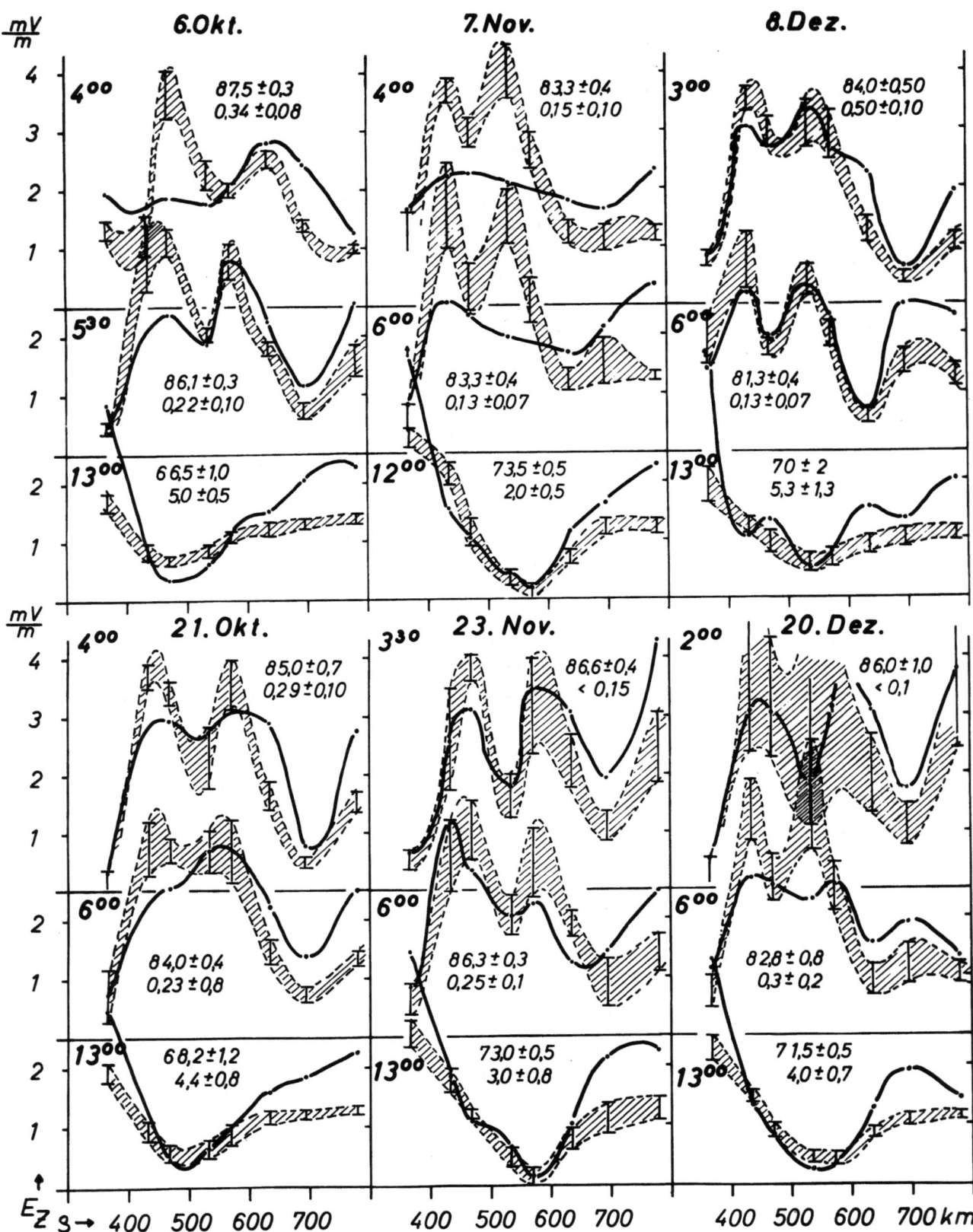

Abb. 24a: Ergebnisse von Modellparameterbestimmungen für die Zeit von Oktober bis Dezember 1962, dargestellt wie in Abb. 23.

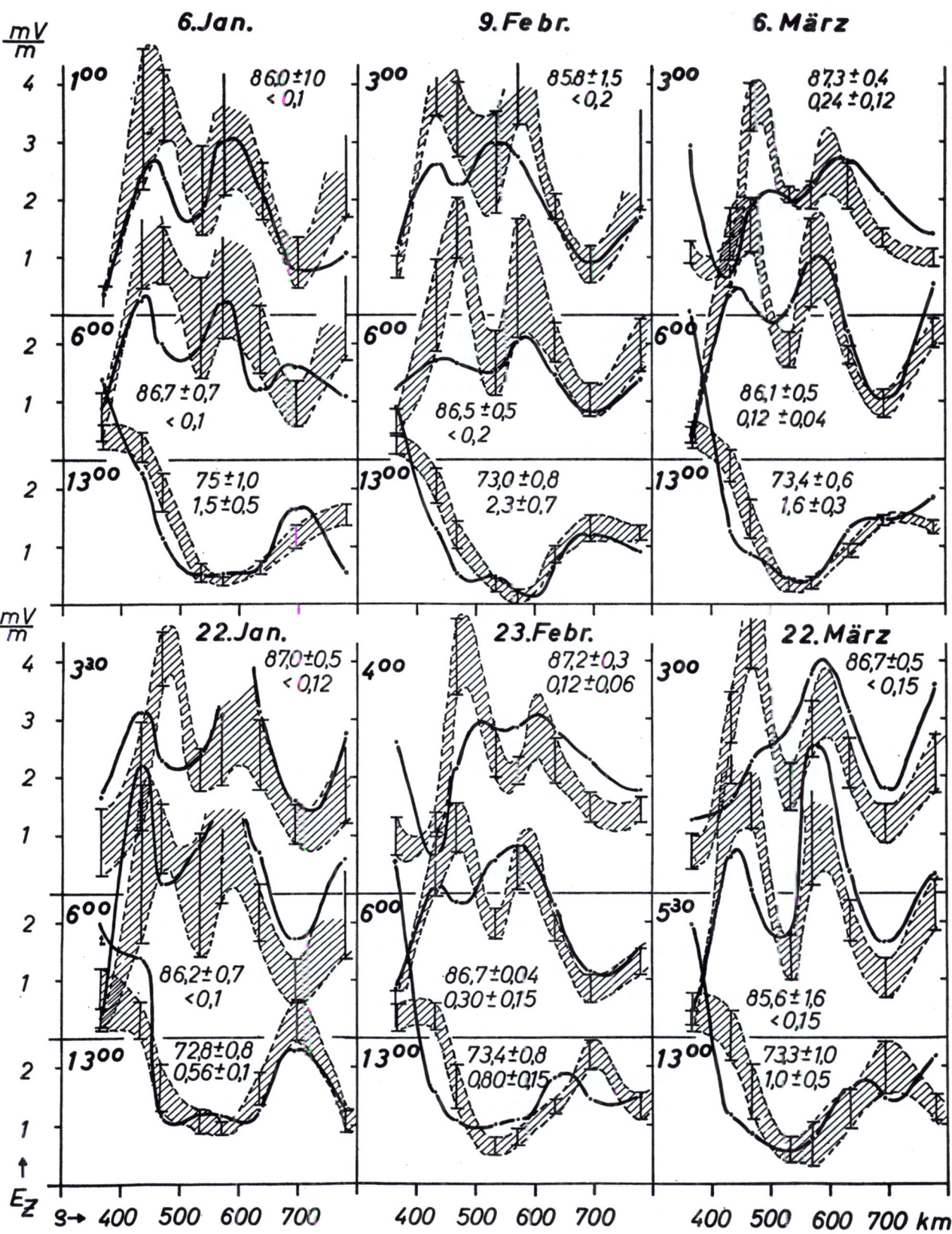

Abb. 24b: Ergebnisse von Modellparameterbestimmungen für die Zeit von Januar bis März 1963, dargestellt wie in Abb. 23.

7. Einige Auswertungsergebnisse vom Winter 1962 / 63 und Ausblick auf weiterführende Arbeiten

In STRATMANNs mehrfach erwähntem Bericht ist die zeitliche Variation der gemessenen $E(\varrho)$-Kurven für 16 ausgewählte Tage des Winters 1962/63, darunter einige gestörte, genau beschrieben. STRATMANN gab hierbei pro untersuchten Tag bis zu 80 Kurven an, in ähnlicher Darstellung wie hier die Abb. 18 und 20. Eine Analyse der gestörten Tage, die unter Verwendung der in Abschn. 6.4 beschriebenen Methode wesentlich über STRATMANNs Beschreibung hinausgeht, ist inzwischen in Angriff genommen. Jedoch erwies sich der Arbeitsaufwand als recht hoch, so daß dieses Thema eine gesonderte Arbeit erforderlich macht. Die Grundlage hierfür ist natürlich, daß die Analysen für eine ausreichende Anzahl ungestörter Tage vorliegen.

Daher wurden 12 solcher Tage ausgewählt, um das Mittagsmodell und zwei Nachtmodelle zu bestimmen. Der Zeitpunkt für eines der Nachtmodelle war meistens 0600 MEZ, ein zweites wurde für einen Zeitpunkt bestimmt, an dem die Registrierungen von denen gegen 0600 MEZ möglichst weit abwichen. Auf diese Weise sollten die Ursachen der starken nächtlichen Feldstärkeänderungen klargestellt werden.

Die Ergebnisse sind, in der Art der Abb. 23, in Abb. 24 a und b zusammengefaßt. Auch hier wurden die gemessenen $E(\varrho)$-Kurven mit den Streifen verglichen, welche von allen innerhalb der Fehlergrenzen möglichen gerechneten Kurven überdeckt werden.

Die starken nächtlichen Feldstärkeänderungen rühren von Reflexionshöhenänderungen her, welche in keinem der Beispiele mehr als 3 km betragen. Der Bereich der nächtlichen α-Werte geht nie über 0,5 hinaus, bleibt aber häufig genug unter dem von der Rechnung erfaßten Bereich. In solchen Fällen läßt sich zwar noch h' einigermaßen genau angeben, aber die Bestimmung des Tagesmodelles wird schwierig.

Der Wechsel in den Tagesausbreitungsverhältnissen zwischen dem 21. Oktober und 7. November kommt klar zum Ausdruck. Wir finden eindeutig eine Erhöhung der Tagesreflexionshöhe um 4 bis 5 km, ferner eine merkliche Verbesserung der Reflexion. Schwierigkeiten bereitete die Bestimmung einiger Tagesmodelle im Frühling. Das durch die zweifach reflektierte Welle entstehende Zwischenmaximum bei 650 km hat in den Messungen einen kleineren Abstand von dem Minimum bei 500 km, als es den Berechnungen zufolge haben sollte. Das kann daran liegen, daß für diese Tage die Zwei-Parameter-Näherung nicht gut stimmt und eine mehr zum metallischen Typ tendierende Reflexion gesucht werden müßte.

Leider kann man aber nicht ausschließen, daß die um diese Jahreszeit recht starken Unterschiede zwischen nächtlichen und mittäglichen meteorologischen Bedingungen einen merkbaren Einfluß auf die Empfindlichkeit der z. T. ziemlich einfachen Drahtantennen ausgeübt haben. Diese Erfahrung zeigt uns, daß die Entwicklung und Prüfung einfacher, aber zuverlässiger Längstwellenantennen die vordringlichste Aufgabe zur technischen Verbesserung unseres Verfahrens ist.

Eine wesentliche Erleichterung für die Parameterbestimmung ist z. Zt. erst rechnerisch vorbereitet und soll bei den noch folgenden Auswertungen nutzbar gemacht werden: die Einbeziehung der in Berlin vom Heinrich-Hertz-Institut in 980 km Entfernung vom Sender aufgenommenen GBR-Registrierungen. Es ist ferner ohne Schwierigkeiten möglich, bei unserem Verfahren Phasenmessungen, wie sie in Berlin seit langem regelmäßig, in Lindau mit mehr oder weniger Unterbrechung, gelaufen sind, in die Parameterbestimmung mit einzubeziehen.

Aus diesem Grunde wurde der technisch-experimentelle Teil des Empfängerkettenversuches gegen Ende des Jahres 1963 mit der Neuentwicklung einer Amplituden- und Phasen-Meßanlage für 16 kHz abgeschlossen, wobei schon viele praktische Erfahrungen aus dem Versuch berücksichtigt werden konnten. Eine Übersicht über die Amplitudenregistrierungen dieser Anlage während des ersten Jahres ihres Bestehens bildete den Anfang dieser Arbeit (Abb. 1).

Der theoretische Teil unseres Versuches, die Erarbeitung und Prüfung eines Verfahrens zur Parameterbestimmung, findet mit der vorliegenden Niederschrift seinen Abschluß. Das bedeutet jedoch nicht, daß schon alle Informationen ausgeschöpft sind, welche der bei unserem Versuch angefallenen Materialfülle entnommen werden können. Noch ist viel Auswertungsarbeit zu leisten, bis der Versuch mit einer vollständigen Beschreibung aller während seiner Dauer beobachteten Ausbreitungsphänomene endgültig abgeschlossen werden kann.

8. Zusammenfassung

Die Ausbreitung elektromagnetischer Wellen der Frequenz 16 kHz wird im Entfernungsbereich 350 bis 800 km vom Sender GBR-Rugby untersucht. Feldstärkeregistrierungen an 3 Stationen während des Winters 1962/63 werden mit Berechnungen verglichen, welche auf dem "Konzept der Ersatzionosphäre" beruhen. Die tiefe Ionosphäre wirkt auf lange elektromagnetische Wellen definierter Frequenz und Ausbreitungsrichtung wie eine nach unten scharf begrenzte, homogen ionisierte, isotrope Ersatzionosphäre. Für schrägen Welleneinfall kann die untere Begrenzung in der "äquivalenten Höhe" h' angesetzt und der Reflexionsfaktor in der Form $-e^{-\alpha\cos\vartheta}$ angenähert werden. Der auf Grund dieser Näherung im genannten Entfernungsbereich zu erwartende Fehler wird diskutiert. Die beiden Parameter h' und α sollen aus den Feldstärkeregistrierungen bestimmt werden.

Der für die Tages- und Nachtausbreitung in Frage kommende Parameterbereich wird zunächst durch verschiedene Vergleiche zwischen berechneten und gemessenen Kurven abgeschätzt. Ein Sonnenaufgangseffekt wird näher untersucht. Einige Anzeichen sprechen dafür, daß für einen Zeitraum von etwa 1,5 Stunden nach Sonnenaufgang am Boden das Konzept der Ersatzionosphäre nicht zur Beschreibung der Ausbreitung ausreicht.

Danach wird ein Verfahren beschrieben, allein unter Benutzung relativer Feldstärkeänderungen an den verschiedenen Stationen die Modellparameter für mittägliche und nächtliche Ausbreitung so eng einzugrenzen, wie es die Genauigkeit der verfügbaren Messungen und Berechnungen erlaubt.

Als typische Parameter für Spätsommertage ergeben sich $h' = 69$ km und α ungefähr 4, für Wintertage $h' = 73$ km und α von der Größenordnung 1, beide Werte sind jedoch starken Schwankungen unterworfen. Für die Nacht ergeben sich Höhenwerte zwischen 81 und 89 km, α im allgemeinen kleiner als 0,3. Das entspricht einer Reflexion von stark dielektrischem Typ.

Summary

The propagation of electromagnetic waves with a frequency of 16 kc/sec has been studied in the distance range 350 to 800 km from the transmitter GBR-Rugby. Field strength records carried out continuously at 8 stations during the winter 1962/63 are compared with field strength calculations basing upon the "concept of the equivalent ionosphere".

The influence of the lower ionosphere on long electromagnetic waves of defined frequency and propagation direction is nearly the same as that of a sharply bounded, homogeneously ionized, isotropic equivalent ionosphere. For oblique incidence the boundary can be taken in a certain "equivalent height" h', if the reflection factor is approximated by the function $-e^{-\alpha\cos\vartheta}$ (ϑ being the angle of incidence, α a certain real parameter characterizing the reflection). The possible error caused by this approximation in the distance range mentioned above has been considered. The two parameters h' and α are to be determined from the measurements.

The possible range of parameters for nighttime and daytime propagation has first been estimated by different comparisons between calculated and measured field strength curves. The sunrise effect has been considered and evidence is found that during about 1.5 hours after sunrise the concept of the equivalent ionosphere does not describe the propagation.

Afterwards a method is dealt with of finding the parameters for nighttime and daytime propagation using only the relative field strength variations as measured at the different distances.

Typical daytime values for the fall are h' = 69 km and α = 4, for winterdays h' about 73 km and α of the magnitude 1, both varying in rather wide limits. For the nighttime h'-values between 81 and 89 km have been found, α was smaller than 0,3 in most cases, according to a reflection of a strong dielectric type.

Der Verfasser ist dem verstorbenen Direktor des Institutes für Stratosphärenphysik am Max-Planck-Institut für Aeronomie, Herrn Prof. Dr. J. BARTELS, für freundliches Interesse und die Möglichkeit, an diesem Institut arbeiten zu dürfen, zu Dank verpflichtet.

Besonderen Dank jedoch gebührt Herrn Prof. Dr. A. EHMERT dafür, daß er dem Verfasser das theoretisch wie auch experimentell so reizvolle Gebiet der Längstwellenausbreitung zur Bearbeitung anvertraute und der Arbeit sein stets lebhaftes, förderndes Interesse sowie die großzügige Bereitstellung der nötigen Mittel und Hilfskräfte nie versagte.

Herrn Dipl.-Phys. D. STRATMANN sei an dieser Stelle noch einmal für unermüdlichem Einsatz bei der Durchführung des Empfängerkettenversuches und für seine gründliche Berichterstattung darüber gedankt. Ausdrücklich möchte der Verfasser sich dem von Herrn STRATMANN bereits ausgesprochenen Dank an alle an unserem Versuch beteiligten Helfer anschließen.

Herrn Dipl.-Phys. T. HERBERT dankt der Verfasser besonders für die Zusammenstellung eines Programms zur Feldstärkeberechnung mit dem IBM-650-Computer des Göttinger Max-Planck-Institutes für Strömungsforschung.

Allen Institutsangehörigen, die bei den umfangreichen Berechnungs- und Auswertungsarbeiten mitgewirkt haben, sei an dieser Stelle für die erfreuliche Zusammenarbeit gedankt.

Literaturverzeichnis

ALPERT, Ya. L. : Über die Ausbreitung langer elektromagnetischer Wellen über die Erdoberfläche (Orig. russisch)
Verlag der Akademie der Wissenschaften der UdSSR, Moskau (1955)

ALPERT, Ya. L. : Radio Wave Propagation and the Ionosphere, translated from Russian : Consultants Bureau, New York (1963)

BARRINGTON, R. E. and E. V. THRANE :

The Determination of D-Region Electron Densities from Observations of Cross-Modulations
J. Atm. Terr. Phys. 24, 31-42 (1962)

BARRINGTON, R. E. and E. V. THRANE :

Electron Density Profiles in the Quiet D-Region Derived from Observations of Cross-Modulation
Propagation of Radio Waves at Frequencies below 300 kc/s, ed. by W. T. Blackband, Pergamon Press, Oxford (1964)

BECKMANN, B. : Die Ausbreitung der elektromagnetischen Wellen
Bücherei der Hochfrequenztechnik, Bd. 1, 2. Auflage, Akademische Verlagsgesellschaft Geest u. Portig, Leipzig (1948)

BELROSE, J. S. : Present Knowledge of the Lowest Ionosphere
Propagation of Radio Waves at Frequencies below 300 kc/s, ed. by W. T. Blackband, Pergamon Press, Oxford (1964)

BELROSE, J. S. and M. J. BURKE :

Study of the Lower Ionosphere Using Partial Reflections
J. Geophys. Res. 69, pp. 2799 (1964)

BRACEWELL, R. N., K. G. BUDDEN, T. W. STRAKER, J. A. RATCLIFFE, and K. WEEKES :

The Ionospheric Propagation of Low- and Very-Low-Frequency Radio Waves over Distances Less than 1000 km
Proc. Inst. Elec. Eng. 98, Part III, p. 221 (1951)

BRACEWELL, R. N. and W. C. BAIN :

An Explanation of Radio Propagation at 16 kc/sec in Terms of Two Layers below E-Layer
J. Atm. Terr. Phys. 2, p. 216-225 (1952)

BUDDEN, K. G., J. A. RATCLIFFE, and M. V. WILKES :

Further Investigations of Very Long Waves Reflected from the Ionosphere
Proceedings of the Royal Society London, Series A, 171, p. 188-214 (1939)

BUDDEN, K. G. : Radio Waves in the Ionosphere. - Cambridge, University Press (1961)

DIEMINGER, W. : Ionosphäre
Fischer-Lexikon Geophysik, Hrsg. J. BARTELS, 154-170 (1960)

EHMERT, A. : Strahlung und Ionosphäre
Raketentechnik und Raumfahrtforschung, Heft 1, Stuttgart (1957)

EHMERT, A. und K. REVELLIO :

Solare Ultrastrahlung und ionosphärische D-Schicht am 23. Februar 1956
Zeitschrift für Geophysik 23, 113-134 (1957)

EPPEN, F. und G. HEYDT :

Eine Registrierempfangsanlage für Längstwellen
Techn. Bericht Nr. 35 des Heinrich. Hertz-Instituts, Berlin (1959)

ERBE, H. : Der stärkste Längstwellensender der Welt
Fernmeldepraxis 39, 921-934 (1962)

FEJER, J.A. : The Interaction of Pulsed Radio Waves in the Ionosphere
J.Atm.Terr. Phys. 7, 322-332 (1955)

FRISIUS, J. : Über den Einfluß der tiefen Ionosphärenschichten auf das Wellenfeld eines Längstwellensenders
Manuskript eines Kolloquiumsvortrages, Oktober 1962

FRISIUS, J., A. EHMERT, D. STRATMANN :

Effects of Distant High Altitude Nuclear Tests on VLF-Propagation
J.Atm.Terr.Phys. 26, 251-262 (1964)

GARDNER, F.F. and J.L. PAWSEY :

Study of the Ionospheric D-Region using Partial Reflections
J.Atm.Terr.Phys. 3, 321-344 (1953)

HARGREAVES, J.K.: The Behavior of the Lower Ionosphere Near Sunrise
J.Atm.Terr.Phys. 24, 1-7 (1962)

HARGREAVES, J.K. and R. ROBERTS :

The Propagation of Very Low Frequency Radio Waves over Distances up to 2000 km
J.Atm.Terr.Phys. 24, 435-450 (1962)

HERITAGE, J.L., S. WEISBROD, and J.E. BICKEL :

A Study of Signal versus Distance Data at VLF
Symposium on the Propagation of VLF Radio Waves,
Prepublication, Bd. 4, Nr. 29, N.B.S., Boulder, Col. (1957)

HOLLINGWORTH, J.: The Propagation of Radio Waves
J.Inst. Elec.Eng. 64, 579 (1926)

LAUTER, E.A. und K.H. SCHMELOVSKY :

Zur Deutung des Sonnenaufgangseffektes im Längstwellenbereich
Gerlands Beiträge zur Geophysik, 67, 218-231 (1958)

LOONEY, C.H. : VLF Utilisation at NASA Satellite Tracking Stations
Radio Science, J.Res.N.B.S. 68D, 43-45 (1964)

NICOLET, M. : The Collision Frequency of Electrons in the Ionosphere
J.Atm.Terr.Phys. 3, 200-211 (1953)

NICOLET, M. : Collision Frequency of Electrons in the Terrestrial Atmosphere
Phys. of Fluids 2, 95-99 (1959)

PIERCE, J.A. : Intercontinental Frequency Comparison by VLF Radio Transmission
Proc.IRE 45, 794 (1957)

RATCLIFFE, J.A., ed. :

Physics of the Upper Atmosphere
Academic Press, New York and London (1960)

REVELLIO, K. : Die atmosphärischen Störungen und ihre Anwendung zur Untersuchung der unteren Ionosphäre
Mitteilung a.d. Max-Planck-Institut für Physik der Stratosphäre, Nr. 8, Weissenau bei Ravensburg (1956)

REVELLIO, K. : Weitere Messungen zum Sonnenaufgangseffekt der Längstwellenausbreitung
Vorträge und Berichte der gemeinsamen Tagung der Arbeitsgemeinschaft Ionosphäre des Deutschen URSI-Landesausschusses und der Fachgruppe Wellenausbreitung der NTG, Kleinheubach, 1958

REVELLIO, K. : Zum Tagesgang der Längstwellenausbreitung
Vorträge und Berichte der gemeinsamen Tagung der Arbeitsgemeinschaft Ionosphäre des Deutschen URSI-Landesausschusses und der Fachgruppe Wellenausbreitung der NTG, Kleinheubach 1959

RIES, G. : Untersuchung von Polarisationsfehlern bei der Längstwellenpeilung,
Dissertation Aachen (1964)

SCHMELOVSKY, K.H.:
    Probleme der Ausbreitung in troposphärischen und ionosphärischen Wellenleitern
    Abhandlungen des Meteorologischen und Hydrologischen Dienstes der DDR, Nr. 49, Bd. VII, Berlin (1958)

SEDDON, J.C. und J.E. JACKSON :   zitiert bei RATCLIFFE, p. 102-108 (1960)

STRATMANN, D. : Beitrag zur Untersuchung von Ausbreitungsbedingungen von Längstwellen mit Hilfe einer Empfängerkette
    Diplomarbeit, Göttingen, Oktober 1964

THRANE, E.V., ed.: Electron Density Distribution in Ionosphere and Exosphere
    North-Holland Publishing Company, Amsterdam (1964)

VOLLAND, H. : Zur Theorie der Längstwellenausbreitung
    Techn. Bericht Nr. 33, des Heinrich-Hertz-Instituts, Berlin (1959)

VOLLAND, H. : Zur Tagesausbreitung von Längstwellen über eine Entfernung von 1000 km
    Techn. Bericht Nr. 37, des Heinrich-Hertz-Instituts, Berlin (1960)

VOLLAND, H. : Die Reflexion sehr langer elektromagnetischer Wellen am anisotropen und inhomogenen Ionosphärenplasma
    Techn. Bericht Nr. 67, des Heinrich-Hertz-Instituts, Berlin (1963)

VOLLAND, H. : Zur Theorie der Ausbreitung langer elektromagnetischer Wellen
    Teil I : Ebener isotroper Wellenleiter, Arch. El. Übertr. $\underline{18}$, 95-104 (1964a)
    Teil II: Gekrümmter anisotroper Wellenleiter, Arch. El. Übertr. $\underline{18}$, 181-188 (1964b)

VOLLAND, H. : Diurnal Phase Variation of VLF Waves at Medium Distances
    Radio Science, J.Res.N.B.S. 68D, 225 (1964c)

WAGNER, K.W. : Schwingungen und Wellen
    Dietrichsche Verlagsbuchhandlung, Wiesbaden, 2. Aufl. (1947)

WAIT, J.R. : The Mode Theory of VLF Ionospheric Propagation for Finite Ground Conductivity
    Proc. IRE $\underline{45}$, 760 (1957)

WAIT, J.R. : Electromagnetic Waves in Stratified Media
    International Series of Monographs on Electromagnetic Waves, Vol. $\underline{3}$,
    Pergamon Press, Oxford, London, New York, Paris (1962)

WAIT, J.R. and A. MURPHY :
    The Geometrical Optics of VLF Sky Wave Propagation
    Proc. IRE $\underline{45}$, 754 (1957)

WAIT, J.R. and L.B. PERRY :
    Calculations of Ionospheric Reflection Coefficients at Very Low Radio Frequencies.   J. Geophys.Res. $\underline{62}$, 43-56 (1957)

WAIT, J.R. and K.R. SPIES :
    Characteristics of the Earth Ionosphere Wave Guide for VLF Radio Waves
    Techn. Note No. 300, N.B.S. (1964)

WAIT, J.R. and L.C. WALTERS :
    Reflection of VLF Radio Waves from an Inhomogeneous Ionosphere
        Part I : J. Res. N.B.S. 67D, 361-367 (1963)
        Part II : J. Res. N.B.S. 67D, 509-523 (1963)
        Part III : J. Res. N.B.S. 67D, 747-752 (1963)

WAIT, J.R. and L.C. WALTERS :
    Reflection of Electromagnetic Waves from a Lossy Magnetoplasma
    Radio Science, J.Res.N.B.S. 68D, 95-101 (1964)

WAYNICK, A.H. : The Present State of Knowledge Concerning the Lower Ionosphere
Proc. IRE 45, 741 (1957)

WEEKES, K. : The Ground Interference Pattern of Very Low Frequency Waves
Proc. Inst. El. Engrs. 97, Part III, 100 (1950)

WILLIAMS, C. : Low-Frequency Radio-Wave Propagation by the Ionosphere with Particular Reference to Long-Distance Navigation
Proc. Inst. El. Engrs. 98, Part III, 81-99 (1951)

**Verzeichnis der Mitteilungen aus dem Max-Planck-Institut
für Physik der Stratosphäre**

Nr. 1/1953   Über den Beitrag der von μ - Mesonen angestoßenen Elektronen zu den Ultrastrahlungsschauern unter Blei. G. Pfotzer

Nr. 2/1954   Ein Zählrohrkoinzidenzgerät zur Registrierung der kosmischen Ultrastrahlung. A. Ehmert

Eine einfache Methode zur Einstellung und Fixierung des Expansionsverhältnisses von Nebelkammern. G. Pfotzer

Nr. 3/1954   Optische Interferenzen an dünner, bei -190°C kondensierten Eisschichten. Erich Regener (vergriffen)

Nr. 4/1955   Über die Messung der Temperatur des atmosphärischen Ozons mit Hilfe der Huggins-Banden. H. Zschörner und H. K. Paetzold

Nr. 5/1956   Ein neuer Ausbruch solarer Ultrastrahlung am 23. Februar 1956. A. Ehmert und G. Pfotzer, vergriffen (erschienen Z. Naturforschung 11a, 322, 1956)

Nr. 6/1956   Das Abklingen der solaren Ultrastrahlung beim Ausbruch am 23. Februar 1956 und die geomagnetischen Einfallsbedingungen. A. Ehmert und G. Pfotzer

Nr. 7/1956   Die Impulsverteilung der solaren Ultrastrahlung in der Abklingphase des Strahlungseinbruches am 23. Februar 1956. G. Pfotzer

Nr. 8/1956   Die atmosphärischen Störungen und ihre Anwendung zur Untersuchung der unteren Ionosphäre. K. Revellio

Nr. 9/1956   Solare Ultrastrahlung als Sonde für das Magnetfeld der Erde in großer Entfernung. G. Pfotzer

*

Die vorstehenden Hefte können beim Max-Planck-Institut für Aeronomie,
3411 Lindau angefordert werden.

Mitteilungen aus dem Max-Planck-Institut für Aeronomie

Nr. 1 (S) Waibel: Messungen von Primärteilchen der kosmischen Strahlung.

Nr. 2 (S) Erbe: Auswirkung der Variationen der primären kosmischen Strahlung auf die Mesonen- und Nukleonenkomponente am Erdboden.

Nr. 3 (I) Kohl: Bewegung der F-Schicht der Ionosphäre bei erdmagnetischen Bai-Störungen.

Nr. 4 (I) Becker: Tables of ordinary and extraordinary refractive indices, group refractive indices and $h'_{o,x}(f)$-curves or standard ionospheric layer models.

Nr. 5 (S) Schröpl: Über eine Neubestimmung des Absorptionskoeffizienten von Ozon im Ultraviolett bei kleinen Konzentrationen.

Nr. 6 (S) Erbe: Ergebnisse der Ballonaufstiege zur Messung der kosmischen Strahlung in Weissenau und Lindau.

Nr. 7 (S) Meyer: Elektromagnetische Induktion eines vertikalen magnetischen Dipols über einem leitenden homogenen Halbraum.

Nr. 8 (I u. S) Dieminger und Mitarb.: Die geophysikalischen Ereignisse des 12. - 14. November 1960.

Nr. 9 (S) Pfotzer, Ehmert, and Keppler: Time Pattern of Ionizing Radiation in Balloon Altitudes in High Latitudes.
Part A, Text; Part B, Figures and Diagrams.

Nr. 10 (S) Waibel: Eine Ballonsonde zur Messung von Röntgenstrahlung und solarer Ultrastrahlung.

Nr. 11 (S) Voelker: Zur Breitenabhängigkeit erdmagnetischer Pulsationen.

Nr. 12 (S) Jaeschke: Registrierung von Pulsationen im südlichen Niedersachsen als Beitrag zur erdmagnetischen Tiefensondierung.

Nr. 13 (S) Meyer: Elektromagnetische Induktion in einem leitenden homogenen Zylinder durch äußere magnetische und elektrische Wechselfelder.

Nr. 14 (S) Kremser: Über den Zusammenhang zwischen Röntgenstrahlungs-Ausbrüchen in der Polarlichtzone und bayartigen erdmagnetischen Störungen.

Nr. 15 (S) Keppler: Messung von Röntgenstrahlung und solaren Protonen mit Ballongeräten in der Nordlichtzone.

Nr. 16 (S) Kirsch: Die Anisotropien der kosmischen Strahlung.

Nr. 17 (S) Guilino: Ausbau eines Wechsellichtmonochromators und seine Anwendung zur Messung des Luftleuchtens während der Dämmerung und in der Nacht.

Nr. 18 (S) Pfotzer and Ehmert: Measurements of High Energetic Auroral Radiations with Balloon-Borne Detectors in 1962 and 1963
Part A to C, Text; Part D, Figures and Diagrams.

Nr. 19 (I) Hartmann: Bestimmung wichtiger Satellitenpositionen mit Hilfe graphischer Darstellungen.

Nr. 20 (S) Kepper: Über die Eigenschaften von Zählrohren und Ionisationskammern in verschiedenartigen Strahlungsfeldern. - Zur Interpretation von Röntgenstrahlungsmessungen in Ballonhöhe in der Nordlichtzone.

Nr. 21 (S) Siebert: Zur Theorie erdmagnetischer Pulsationen mit breitenabhängigen Perioden.

Nr. 22 (S) Meyer: Zur 27 täglichen Wiederholungsneigung der erdmagnetischen Aktivität, erschlossen aus den täglichen Charakterzahlen C 8 von 1884-1964

If you have any concerns about our products,
you can contact us on
ProductSafety@springernature.com

In case Publisher is established outside the EU,
the EU authorized representative is:
**Springer Nature Customer Service Center GmbH
Europaplatz 3, 69115 Heidelberg, Germany**

Printed by Libri Plureos GmbH
in Hamburg, Germany